トポロジカル物質とは何か

最新・物質科学入門

長谷川修司　著

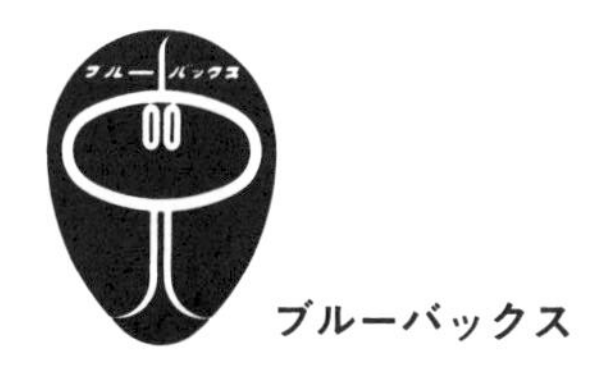

装幀／児崎雅淑（芦澤泰偉事務所）
カバーイラスト／五十嵐 徹（芦澤泰偉事務所）
本文デザイン／桐畑恭子
本文図版／さくら工芸社

はじめに

窓ガラスやペットボトルは透明で、それを伝わって電気は流れない。一方で、アルミ缶は透明でないので中身は見えないが電気をよく通す。アルミ缶は磁石にくっつかないのにスチール缶は磁石にくっつく……。

このように、身の回りにはいろいろな性質をもつさまざまなモノがあふれているので、逆に身近すぎて、そんなモノの性質に不思議さを感じない人が多いことでしょう。しかし、なぜこのような性質が出てくるのか、これらの性質がなぜ違うのか説明するのは実は簡単ではないのです。それを研究する学問分野が物理学のなかの「**物性物理学**」という分野であり、もっと広く捉えれば、化学や材料科学の分野も含めて「**物質科学**」と呼ばれる科学技術の大きな分野なのです。

物質は、ペットボトルやアルミ缶のような身近なモノだけでなく、実は私たちの生命や記憶、意識の根幹に直接関わっています。まさにそのことが科学での最大の研究テーマだと個人的には考えています。遺伝をつかさどるＤＮＡや私たちの体を形作る各種タンパク質は、多数の原子が連なった高分子と呼ばれる物質であり、私たちの生命の基礎ですが、ペットボトルやアルミ缶のように、今や人工的に合成することもできるのです。なので、単なるモノであるとも言えるでしょう。神経の構成要素である突起状のシナプス細胞も人工培養でき、その形や結合の様子が認知症に関係しているといいます。また、突然変異や病気などは、ＤＮＡやタンパク質の形の変化に起因していることも解明されつつあります。生命の誕生や維持は、このようなモノの形や性質によって支配されていると言えるでしょう。モノのないところに生命も精神も意識もないのです。

しかし、ＤＮＡやタンパク質など、個々の物質をどんなに研究しても、生命の本質が見えてこないのが実情です。生きているのと死んでいるのでは、物質として何が違うのか。生きていても意識のないとき、認知症になって自分が誰だかわからなくなったとき、体や脳を作る物質に何らかの変化があるはずです。逆に言えば、健康なときも病気のときも自分が自分であるという意識はどうやって保たれているのか。たぶん、体を作る物質に還元して理解できるはずですが、物質に関する私たちの知識に何かが足りないのです。なので、生命現象や意識の本質が、物質のまだ発見されていない隠れた性質に起因しているのではないかと考えても不思議ではないでしょう。

実際、本書のテーマである「物質のトポロジカルな性質」も、人類がつい最近気づいたものなので、実は、その他にももっと私たちが知らない隠れた性質が物質に備わっていて、それらが生命や意識の本質と深く関わっているのかもしれないと想像しているのは私だけではないはずです。物質科学の究極の研究テーマはそのあたりにあると考えています。トポロジカル物質の発見は、新しい物質観をもたらしただけでなく、まだまだ解明されていない性質がモノには備わっているかもしれない、私たちはモノのすべての性質を理解しているわけでない、ということを再認識させてくれるきっかけになったという意味で大きな意義があると言えます。

２０１６年のノーベル物理学賞は、物質のトポロジカル性質の解明の先駆けとなる発見をなしとげた3人の研究者に贈られました。私は、10月初めのノーベル財団による発表記者会見の実況中継をインターネットで見ていましたが、受賞者の研究業績を紹介するノーベル賞選考委員の教授が、持ってきた紙袋のなかからクロワッサンとドーナッツとさらに二つ穴のドーナッツ型菓子パンを取り出し、トポロジーとは何か、記者たちに説明していました。穴が開いているかいないか、いくつの穴が開いているか、そのような違いは数学でいうトポロジー（位相幾何学）という概念で整理され、穴の大きさや形などの詳細によらない「頑強な」性質を表現できることが知られています。しかし、あのような菓子パンでのアナロジーの説明で物質のトポロジカル性質の本質が理解できるはずもないでしょう。ノーベル賞選考委員会としても、正面から研究内容をわかりやすく説明することを避けているようだと思いました。どうせ素人にはわからないだろうと。穴が開いているかどうか、穴がいくつ開いているかで菓子パンの味が違うと言いたいのではないのですが、そう誤解した人が世界中に少なからずいたのでは、と老婆心ながら心配しました。

第Ⅰ部では、いままでのノーベル賞のなかで、物質科学、あるいはそれに関連するテーマをいくつか紹介し、この１２０年間で人類の「物質観」がいかに深まり、かつ広がり、そしてその知識をいかに私たちの生活に役立ててきたかを概観します。そして、トポロジカル物質の発見に人類が少しずつ近づいていく過程を見ます。

それを物性物理学の体系から説明し直しているのが第Ⅱ部です。物質の奥底に潜む性質を表現するには、さまざまな「バーチャル空間」が利用されますが、ノーベル賞選考委員会のように逃げることなく、運動量空間やバンド分散図というバーチャル空間を使った物質の性質の表現法を真正面から解説し、本書の主題の準備をします。

それを踏まえて、第Ⅲ部で本書の主題である「トポロジカル物質とは何か」を説明します。「バンド反転」や電子の波の「位相」という抽象的な話にならざるを得ないのですが、そこがトポロジカル物質の肝(きも)です。そして、トポロジカル物質がどのように有用なデバイスに利用できるのか、あるいはトポロジカル絶縁体の概念を拡張したトポロジカル超伝導体や量子コンピュータへの応用などの発展の可能性を紹介します。

物質科学はそれだけで閉じている学問体系ではなく、工学や生命科学の基礎を与えながら現在進行形で進展している学問領域です。実際、私が学生だった40年前には、物質のトポロジカル物性など全く知られていませんでした。ですので、まだまだ解かれるのを待っている多くの謎が隠れていると言えます。モノは、見かけよりずっと奥深い「からくり」をもっていることを本書で感じていただけたら幸いです。

目次

第3章 物質は量子効果の舞台

第II部 バーチャル空間で物質を観る —量子物理学での表現法— 141

第4章 運動量空間とは 143

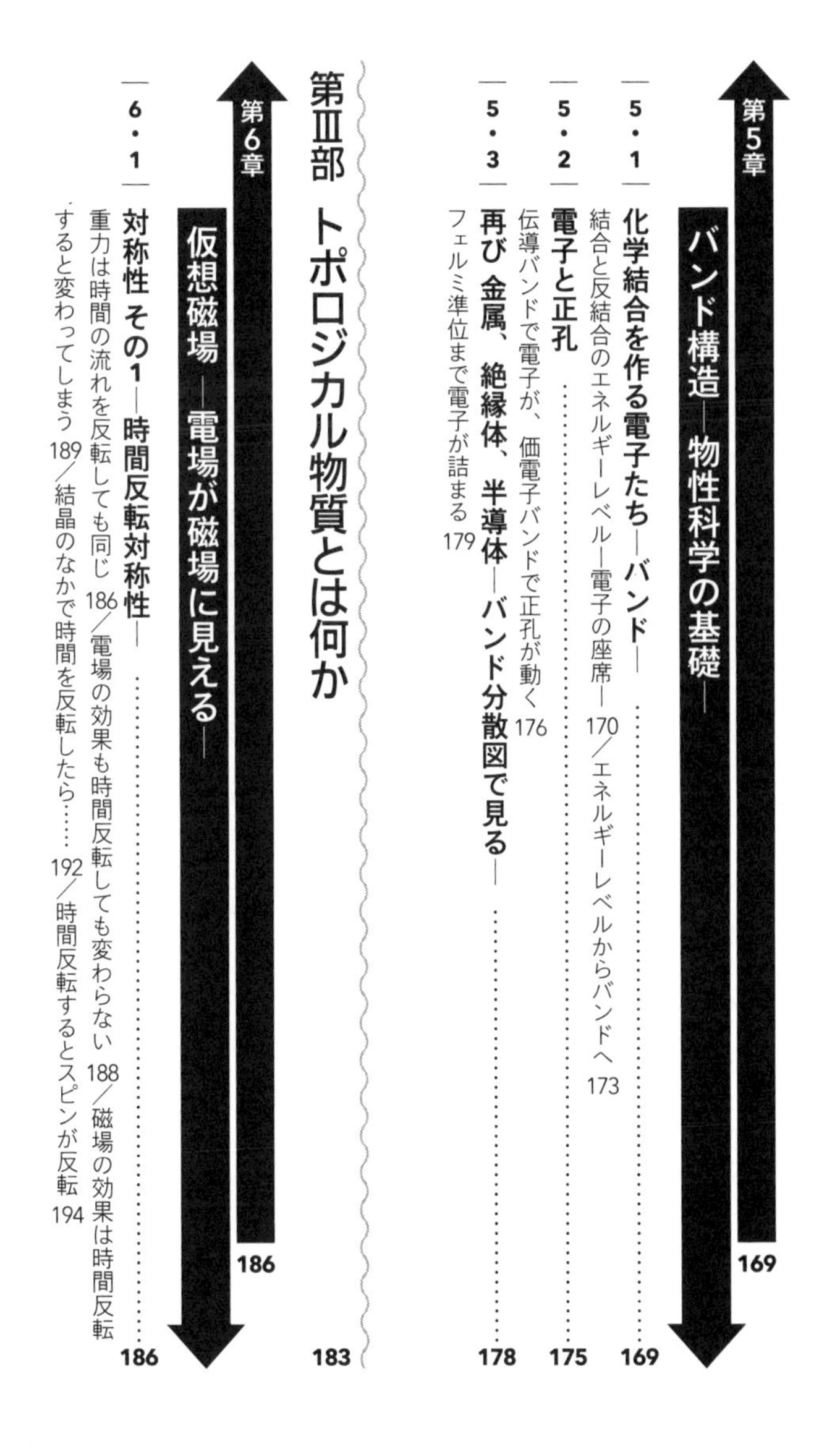

第7章 トポロジカル絶縁体とは

科学と数学のつながり

物質科学の分野では、実は高度な数学を使った非常に難解な理論が背後にあって、それを使って初めて、透明か不透明か、電気を通すか通さないか、磁石に付くか付かないかという、さまざまなモノの性質の違いを理解できるのです。量子物理学や統計物理学という、大学の理工系学部の専門課程で習う高度な理論体系に基づく説明が本質的に必要なのです。その上に立って、さまざまな生命現象も、実は生体物質の量子現象に起因しているらしいことが少しずつ明らかにされはじめています。植物の光合成や渡り鳥が正しい方向に飛んでいけるのも葉や眼のなかで起こる量子現象がもとになっているとのことです。遺伝情報の伝達の誤り確率や突然変異の確率なども量子物理学の理論を使って計算できるという研究も進んでいます。

本書の主題であるトポロジカル物質は、ここ十数年程度の研究から生まれた新しい概念で、人類の「物質観」を革新するような非常に興味深いテーマなのですが、それを、数式を使わずに日常言語だけで理解するのはほとんど不可能と言っていいでしょう。しかし、本書は、そのような、大げさに言えば人類がもつに至った深遠な「物質観」を、数学や量子物理学の基礎知識を前提とせずに読者に伝えようとする、ある意味、無謀な企てのもとに書かれたのです。

ガリレオの有名な言葉とされる「自然という書物は数学の言葉で書かれている」は、数学に弱い実験家の私としても残念ながら認めざるを得ない事実のようです。万有引力の法則を発見したニュートンの著書は『自然哲学の数学的原理』であり、彼自身が作った（とされる）微分積分という数学で自然の摂理が描かれています。高校の数学で微分積分を習って苦労させられた、いやな思い出をもっている人も多いと思います。アインシュタインの相対性理論もリーマン幾何学という数学の上に成り立っています。量子力学は線形代数という数学の概念を借用しているし、トポロジカル物質という概念も、位相幾何学という抽象的な数学概念を使って説明されています。

しかし、本書はそれらを正確に伝えるのではなく、そのもとにあるアイディアを解説することで、何を研究者たちが面白がっているのか、そしてその抽象的な数学の概念が具体的なモノの性質にどう関わっているのかを伝えたいと意図しているのです。

バーチャル空間で物質を観る

物理学者は、「運動量空間」とか「波数空間」、「位相空間」、「ヒルベルト空間」といった、一種の「バーチャル空間」でモノの性質を見直してみると、その性質の違いやその成因をはっきりと理解でき、切り分けられるということを発見してきました。そのようなバーチャル空間でモノの性質を見直すという表現法は、あまりに便利なので研究者は日常的に利用していますが、逆に、それが一般の人にとっては理解を妨げる高い障壁になってしまっているようです。しかし、本書では、そのバーチャル空間をしっかり説明して、その上でトポロジカル物質をはじめとするさまざまな物質の性質を理解するという「正攻法」を試みています。私たちが目で見ることができる「リアル空間」での「形」より、見方が全く違うバーチャル空間での「形」のほうが、物質のほんとうの姿を正確に捉えられるのです。

例えて言えば、病気の診断には、顔色や発疹(はっしん)、腫れのような外見の症状を見ているだけより、X線写真やMRI画像、あるいは血液検査の結果を見たほうが本質を理解するのに役立つことが多いのに似ています。一見すると、私たちの目には何の変哲もない物質が、実は、その物質の性質を記述するバーチャル空間で「ひねられて」いる、あるいは「左右逆」になっているのがトポロジカル物質です。

トポロジカル物質──上下・左右が入れ替わった物質──

トポロジカル物質とは何か、それを知るには、それにトポロジカル物質でない通常の物質を接触させてつなげてみるといいでしょう。そうすると外見上はつながっている2つの異なる物質ですが、それぞれ「別世界の物質」（つまりトポロジーの違う物質）なので、その2つは、ある意味、素直（すなお）にはつながらないのです。そのため、その境目、つまり界面には、2つの別世界を橋渡しする「細い通路」とでも呼ぶべき状態、「トポロジカル表面状態」ができます。その状態は、物質を焼こうが煮ようが（温度を上げる）、形を変えようが、不純物が混入しようが、頑強に存在して消えることはないのです。その状態を壊そうとしても、トポロジカル表面状態はスルッと逃げて隣の場所に引っ越してしまって存在し続けるのです。2つの別世界は決して交じり合うことがないので、その橋渡しをするトポロジカル表面状態は常に存在するためです。「この世（此岸（しがん））」と「あの世（彼岸）」との間に「三途（さんず）の川」が横たわっているような光景を想像してみるといいかもしれません（と言っても、三途の川を見た人はいないでしょうが）。トポロジカル物質は「あの世」の物質、とは言い過ぎでしょうか。

もっと現実的な例えとして、左右の入れ替わった2つの世界の境界がよく持ち出されます。たとえば、日本では車は道路の左側を通行しますが、韓国では右側通行です。ですので、もし九州

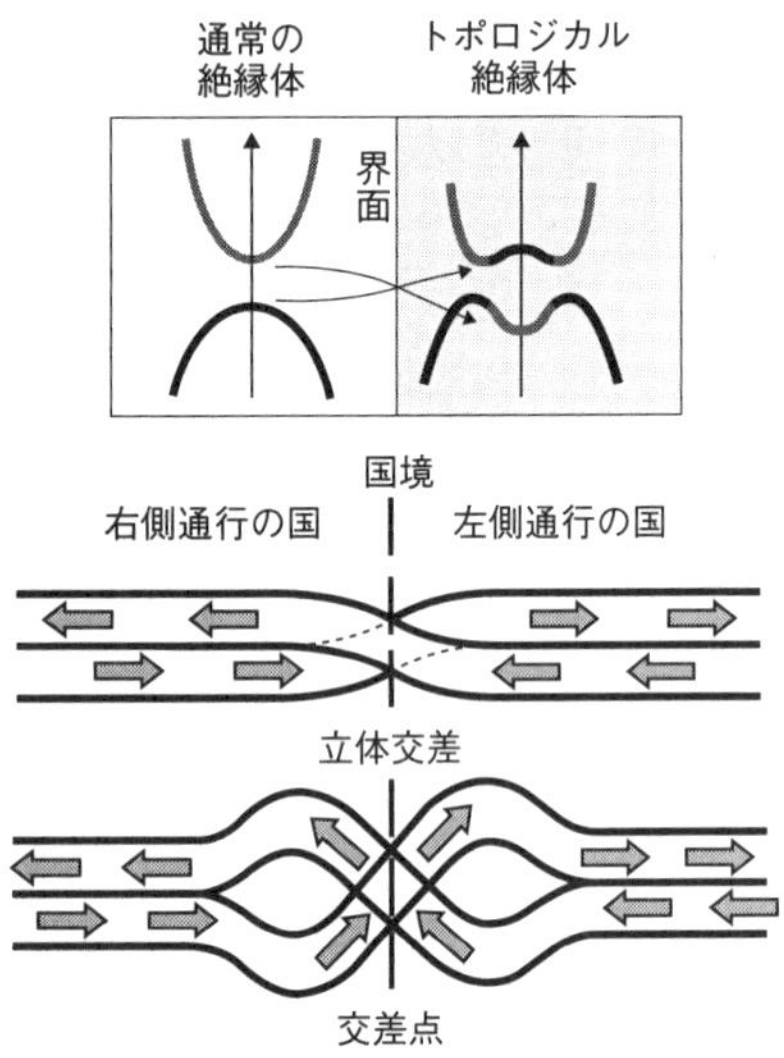

図0.1　左側通行と右側通行を入れ替える国境付近の道路。道路通行の左右の入れ替えに対応するのがトポロジカル絶縁体と普通の物質を接触させた状況。

から韓国に対馬海峡を横断する海上ハイウェイを作って道路で両国をつなげようとすると、途中で左右を入れ替えなければなりません。そのためには、図0・1のように、いちど左右の路線を交差させて入れ替えるしかありません。実際に、このことがタイとラオスの国境で起こっているといいます。左側通行の国タイと右側通行の国ラオスとの国境では、立体交差ではなく、普通の交差点で左右を入れ替えているそうです（図0・1参照）。交通ルールで左右が逆の2つの国が接する境界には、このようなことが必ず起こりますし、それはどちらかの国全体の交通ルールを変更しなければなくなりません。物質の端にできるトポロジカル表面状態もそのようなものです。物質のなかが、外の世界と「左右逆」ならば、物質の表面や普通の物質との境界には、道路の左右の交差に相当する何か異常な状態が出てきます。それがトポロジカル表面状態です。

このような「道路の交差」は、一方の国全体での交通ルールを逆側通行に変更しない限り必ず起こることで、国境付近だけの工夫でなんとか回避できるような問題ではありません。たとえば国境を移動させたり国境線の形を変えたりしても、国境では必ず「道路の交差」が起こります。つまり、内部の事情の違いが、「端」に出てきて、内部の事情が変わらない限り「端」で何か異常なことが起こります。それぞれの国のなかで暮らしているのであれば何も不自由や不思議さを感じないものですが、国境に来て外国と接してみると、自分の国の特殊性を初めて認識することになります。

トポロジカル物質を直感的に説明するのに、よく使われる別の例えが「メビウスの輪」です。普通の物質は、ある長さに切った紙テープを素直につないで作った単純な輪で表現されるのに対して、トポロジカル物質は、紙テープを1回ひねってつないでできるメビウスの輪で表現されます。単純な輪では、たとえば外側の面をたどって1周すると外側の面のままで出発地点に戻りますが、メビウスの輪では外側の面から出発して1周回るといつの間にか内側の面になって、出発点の裏側の地点に戻ってきます。もとの地点に戻るにはさらにもう1周して合計で2周しないと出発点に戻りません。これが、トポロジーが普通ではないことを表しています。

メビウスの輪をどんなに変形しても単純な輪に戻すことはできません。単純な輪に戻すには、紙テープを一度ハサミで切って、ねじれを戻してつなぎ直す必要があります。この、テープをいったん切ってつなぎ変えるという操作は、上述の交通ルールの例えでは道路の左右が交差するということに相当します。このような例えは、トポロジカル物質と通常の物質が、「別世界」のモノだということを象徴的に表しています。連続的な変形や操作によって、トポロジカル物質と通常の物質をつなぐことができないのです。

実は、このような現象が「運動量空間」というバーチャル空間で起こっているのがトポロジカル物質なのです。現実のリアルな空間ではなく、物質の性質を表すバーチャルな空間が運動量空間というものです。本書では、トポロジカル物質を理解してもらえるよう、このバーチャル空間をしっかり説明します。

トポロジカル物質の性質は頑強

今まで知られていた従来の物質の性質は、物質の純度や温度などによって敏感に変わってしまうのですが、トポロジカル状態の性質は、そのような詳細に左右されずに頑強に維持されるのです。上述の例えでの国全体の交通ルールのように、物質全体の性質が変わらなければ、物質表面に現れるトポロジカル表面状態が消えないのです。

そんな性質をもつ物質が存在するなんて、誰が想像していたでしょうか。今まで、物質科学者は、物質の性質を引き出すために純度が高く、きれいな単結晶になっている高品質の物質を作る努力をし、さらにそれを低温に冷やしたりして研究していましたが、トポロジカル物質は、そんな努力をまるであざ笑うかのように、「細かいことにはこだわらない」頑強な性質を示すというのです。

それはまるで、病気のときも元気なときも、機嫌がいいときも悪いときも、自分は自分という自我の意識を人間が持ち続けることに似ています。体や心のコンディションに関わらず、自分という意識を持ち続けられるのは、体や脳を作っている物質や構造のトポロジカルな性質に関連しているのかもしれません。認知症になって自分が誰だかわからなくなったときには、そのトポロジカルな性質が変わったのかもしれません（私の単なる想像ですが）。

物質の「トポロジカル状態」が示す性質は、普通の物質では見られない特別なものであることが明らかにされつつあります。電気がエネルギーを消費することなくスーッと流れるとか、電気は流れないで磁石の性質（スピン）だけが流れるとか。実は、それに近い性質は、トポロジカル物質でない通常の物質でも発見されていたのですが、トポロジカル物質が面白いのは、そのような性質が物質の純度とか形とか温度などの詳細に依存せずに頑強に存在し続ける、ということなのです。その原因がトポロジーという、言ってみれば現実世界とはかけ離れた数学の世界の性質にあるというのです。この事実を突きつけられたとき、世界中の研究者たちはびっくりし、たちまち世界的に大流行の研究テーマになったのです。

面白いことに、トポロジカル物質といわれる物質群は、実は昔から知られていてよく研究されていた物質が多いのです。しかし、物質の性質が、トポロジーという概念で整理され理解されてこなかったのです。見方を変えて、トポロジーという概念で整理してみると、新しい性質が備わっていること、そして、それらの性質が頑強で簡単には消えないことが次々と明らかになってきたのです。ノーベル賞選考委員会もそれに気づいて、その研究の源流をさかのぼっていったら、2016年の物理学賞受賞者の3人にたどり着いたということだと思います。その3人の研究者のあと、現在でも研究が爆発的に発展して、すでに研究は新しい段階に入っています。たぶん、次の5年、10年の間にトポロジカル物質に関するノーベル賞がいくつか出るだろうと予想する研究者は多いと思います。それほど物質科学に大きなインパクトを与えたのがトポロジカル物質なのです。

バーチャル空間はリアルな世界につながっている

一方、トポロジカル物質が実際に何に役立つのかという側面も無視できません。一般の人たちにとっては、科学研究の理解の仕方として、「何に役立つのですか?」という質問に答えることがもっともわかりやすいでしょうから、この観点からの解説も不可欠と考えています。

しかし、研究者のなかには、何かに役立てることを目的とする研究など「不純」だと言って毛嫌いする人も少なくないのは事実です。純粋な好奇心の発露としての研究こそ崇高なものだと。

2002年、超新星爆発から発生したニュートリノを世界で初めて検出してノーベル物理学賞を受賞した小柴昌俊教授が、受賞発表直後のテレビのインタビューで、「先生のご研究は私たちの生活にどう役に立つのですか」というアナウンサーの質問に対して、「何も役に立ちません」と一言だけ言い放って悠然としていたシーンを印象的に覚えています。

でも私は、少なくとも物質科学の研究者は、純粋な学問的興味と同時に、モノの性質を何かに役立てるといった興味も併せて持つべきだと考えています。実際、たとえば物質科学のもっとも華々しい成功例である半導体、それを研究する半導体物理学は、トランジスターやセンサーなど各種電子デバイスへの応用とともに発展して現代の情報化社会を作ったのです。さらに、透明導電体や強力磁石、超格子結晶といわれる人工結晶の発明・発見がモバイル時代を作ったわけで、物質科学とその応用は切っても切り離せないはずです。

トポロジカル物質が何に役立つのか、いろいろな夢物語が語られていますが、まだ私たちの日常生活に使われるまでになっていません。高性能で省エネのコンピュータやセンサーなどの電子機器、あるいは21世紀に世の中を変えると言われている量子コンピュータに使われて、もっともっと人間とコンピュータやインターネット、人工知能がシームレスにつながる世の中を作るかもしれない。そのような夢を語ることは楽しいしワクワクします。トポロジカル物質のどのような性質を利用すると、なぜ高性能になるのか、なぜ省エネになるのかという側面からの理解はとてもわかりやすいことでしょう。

第 I 部

ノーベル賞に見る物質科学

——トポロジカル物質への前奏曲——

第1章 原子から量子物理学へ

1・1 第1回ノーベル物理学賞―X線の発見―

毎年10月になると新聞やテレビで騒がれるノーベル賞は、ご存知のように、ダイナマイトを発明したスウェーデンのアルフレッド・ノーベルが残した莫大な遺産と遺言をもとに始まっています。彼の死後、遺産相続の裁判など数々の問題を解決して、第1回目のノーベル賞受賞者の発表と授賞式にこぎつけるまでに約5年を要し、１９０１年、まさに20世紀幕開けの年にノーベル賞はスタートしたのでした。

意外と知られていないことですが、最初のノーベル物理学賞の受賞者は、現在でも健康診断でお世話になっているレントゲン写真、あれを撮るのに使われるX線を発見したヴィルヘルム・レントゲンでした。ドイツの大学教授だった彼は、自分の妻の左手を被写体にして撮ったレントゲン写真（図1・1）を発表し、骨が透けて見える写真に人々は大きな衝撃を受けたといいます。全身のレントゲン写真がまさに骸骨の人体模型と同じになっており、当時のヨーロッパでは多くの新聞や雑誌で取り上げられ、一大センセーションを巻き起こしていました。

レントゲン自身は、X線の正体を突き止めることはできませんでしたが（それゆえ、数学で未知数を意味するXという名前が付けられたのです）、X線は、私たちの目が感じる可視光よりはるかにエネルギーの高い光（電磁波）です。モノを透過する力が高いので、人体を透視するだけでなく、いまや空港での保安検査場でカバンの中身を透視するためにも使われていて、お馴染みになっています。

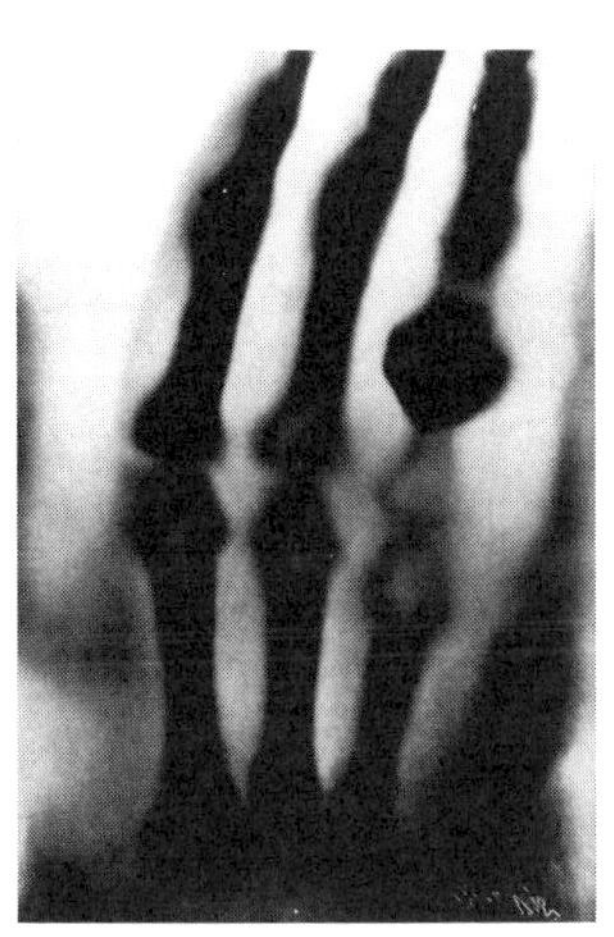

図1.1 レントゲンが初めて撮った「レントゲン写真」。右手のように見えているが、写真は左右反転しており、実際には左手。（写真：Interfoto／アフロ）

レントゲン写真から立体画像へ

ついでながら、もう一つのレントゲン写真に関するノーベル賞を紹介しておきましょう。レントゲン自身が彼の妻の左手を撮った写真（図1・1）のように、健康診断でのレントゲン写真は背中側から

Ｘ線を当てて撮る、いわば影絵のような写真です。ですので、体の内部の立体的な構造はわかりません。そこで、体に対してさまざまな方向からＸ線を当てて何枚もレントゲン写真を撮り、その画像をコンピュータのなかで処理して、体の内部の立体構造を輪切りにして描き出す方法が考案されました。**Ｘ線ＣＴ**（コンピュータトモグラフィ、Ｘ線断層撮影技術）と呼ばれる方法です。それは、現在、病院で使われているＭＲＩ（磁気共鳴イメージング）の手法のもとになっています。このＸ線ＣＴの発明によって、ゴッドフリー・ハウンズフィールドとアラン・コーマックが１９７９年にノーベル生理学・医学賞を受賞しています。

１・２　原子の実在を観る――Ｘ線回折――

透過能が高いという性質だけでなく、Ｘ線にはもう一つ重要な性質があります。それは、Ｘ線の波長が原子のサイズと同じぐらいだということです。そして、Ｘ線がどのようにして発生するのか、そのメカニズムを研究することによって、実は、原子の内部構造がわかってきたのです。つまり、20世紀に花開く量子物理学の端緒を開いたのがＸ線の発見だったのです。

塩の結晶のように、どんな結晶でも、そのなかでは原子が規則的に並んでいますが、その結晶に可視光を当てて反射してきた光を調べても、原子の並び方の情報は何も得られません。それは、可視光の波長が原子のサイズよりはるかに長いからなのです。

光は電磁波という波です。海の波と同じように、波頭と波頭とのあいだの距離を「波長」といいますが、可視光の波長は0・5マイクロメートル（㎛）程度です。1㎛は1mの100万分の1の長さで、非常に短いのですが、原子1個のサイズに比べれば1000倍も長いのです。波長はいわばモノの大きさを測るときの「物差し（ものさし）の目盛り」です。「粗い目盛りの物差し」で、その目盛りよりはるかに小さいものの大きさを測定しようとしても無理なのは想像できるでしょう。1m間隔の目盛りしかついていない巻き尺があったとして、それでテニスボールやゴルフボールの大きさは測れません。

X線――原子や分子を観る光――

ところが、結晶にX線を当てると、原子が規則的に並んでいることを示す反射の仕方をします。特定の方向だけに強く反射されたり、別の方向では全く反射されなかったりします。この現象を「**X線回折**」といいます。その反射の仕方を調べると、結晶のなかで原子がどのように並んでいるのかわかるのです。X線の波長が0・1ナノメートル（nm）程度であり、原子1個1個のサイズとほぼ同じ程度なので、このような現象が起こるのです。1nmは1mの10億分の1の長さ

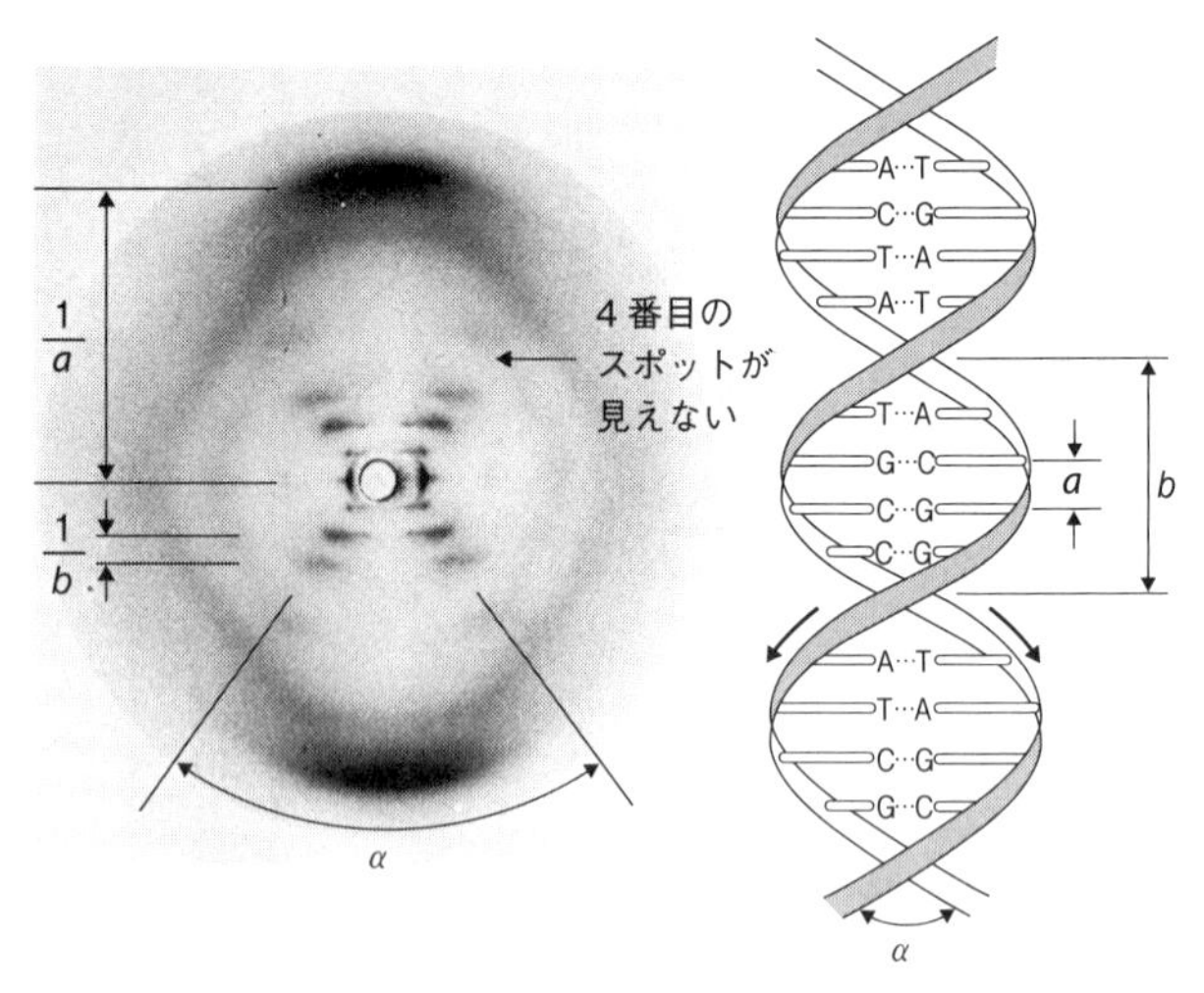

図1.2　ロザリンド・フランクリンが撮ったDNA分子の結晶からのX線回折パターン（左──写真：©Science Photo Library/a manaimages）とDNAの模式図（右）。"X"パターンの角度（α）が、2本のDNA鎖の交差角度に対応し、スポット間隔から塩基分子の間隔（*a*）およびらせん周期（*b*）がわかる。4番目のスポットが見えないことが、二重らせん構造の決め手となった。

で、もちろん目には見えない極微の長さです。原子1個1個を測るには、それと同じかそれより細かい目盛りの「物差し」が必要なのです。それがX線です。

このX線回折を利用して結晶内部での原子配列が調べられることを発見し、1914年にマックス・フォン・ラウエが、1915年にはブラッグ父子が立て続けにノーベル物理学賞を受賞しています。高校の物理で習う「ブラッグの公式」を発見したのはこの親子です。ブラッグの公式とラウエが発見した「ラウエ条件」は、実は数学的に同等であることが示され、X線回折の基礎理論となっています。

また、X線回折の手法を使って個々の分子の原子配列構造を調べたピーター・デバイが1936年に、さらにはペニシリンやインスリンなど生体分子の原子配列構造をX線回折の実験で解明したドロシー・ホジキンが1964年にノーベル化学賞を受賞しています。

DNA二重らせん構造の解明

さらに、このX線回折の手法は世紀の大発見をもたらします（図1・2）。デオキシリボ核酸（DNA）が二重らせん構造であること、そこでは、アデニン、グアニン、チミン、シトシンという4種類の塩基分子がらせん階段状に積層されて遺伝情報が書き込まれていることがX線回折の測定から明らかにされたのです。それによって遺伝情報がどのように親から子に伝わるのか、そのメカニズムが具体的にわかってきました。その成果によって1962年にジェームズ・ワトソン、フランシス・クリック、モーリス・ウィルキンスがノーベル生理学・医学賞を受賞しています。

このように、X線による物質のミクロな構造の研究は、たくさんのノーベル賞の対象となっています。金属などの結晶でも、DNAやタンパク質などの生体物質でも、まずそのなかでの原子や分子の並び方を解明することが研究の第一歩なのです。

原子仮説がサイエンスになった

物質が原子から成り立っているというアイディアは古代ギリシャ時代にまでさかのぼりますが、それが現代的な意味で科学の研究対象となったのは、19世紀のイギリスの化学者ジョン・ドルトンの気体や化学反応の研究あたりからです。さらに、水面に浮かべた花粉が破裂して飛び出した微粒子の動きを、イギリスのロバート・ブラウンが顕微鏡で観察し、そのあと、フランスのジャン・ペランがその精密な実験を行い、アルベルト・アインシュタインが、この「ブラウン運動」は水分子の衝突によって引き起こされるという理論を完成して、原子や分子の存在が実感されるようになってきました。ペランは、ブラウン運動の測定から、1モルに含まれる原子や分子の数「**アボガドロ定数**」を求めた研究者であり、1926年にノーベル物理学賞を受賞しています。そのあたりの歴史物語は、『だれが原子をみたか』（江沢洋）に生き生きと描かれています。

しかし、物質が原子から構成されていることを直接的に示したのは、上述のX線回折という現象であり、それによって結晶内部での原子と原子の間隔が具体的に測定されたので、その意義は極めて大きいと言えます。3・2節で紹介しますが、現代では顕微鏡が高性能化され、原子1個1個の像を直接見ることができます。その詳細は、たとえば拙著『見えないものをみる』を参照してください。

1・3 原子の内部構造を観る――X線の発生――

実はX線の果たした役割はそれだけではありません。

古代ギリシャ時代の昔から長い間、物質の根源的な構成要素は原子であると信じられてきました。つまり、物質をどんどん細かく砕いていくと、それ以上細かくできない最小の単位が原子であると思われていたのです。しかし、その原子に内部構造が存在し、原子よりもさらに小さいもの、原子核と電子で原子ができ上がっているということが、X線の発生のメカニズムを調べることで明らかになってきました。つまり、物質の根源粒子は原子ではなく、原子核や電子というさらに小さなモノだということになってきたのです。しかし、そのあと原子核も根源粒子ではないことがわかってきましたが、それ以上の話は、原子核・素粒子物理学の分野に入ってしまいますので、その方向の話は本書ではこれ以上深入りしません。

正の電荷をもつ原子核が原子の中心にあり、その周りを負の電荷をもつ電子がいくつか周回している、というのが原子です。ちょうど太陽の周りを水星、金星、地球、火星、……といくつかの惑星が回っている太陽系のような形が原子なのです。しかも、惑星と同じように、それぞれの電子は決まった軌道を回っています。原子核に一番近い内側の軌道を「1s軌道」、その外側の2番目の軌道を「2s軌道」、3番目の軌道を「2p軌道」、……と呼び、**電子軌道**と総称します。そして、それぞれの原子では、原子番号と同じ数の電子が回っています。たとえば原子番号1の水素原子（元素記号H）は1個だけの電子が1s軌道に入って原子核の周りを回っています。原子番号11のナトリウム（Na）原子では全部で11個の電子が、内側の軌道から順に入って、それぞれ決まった軌道を回っています。

X線を測れば原子番号がわかる——周期表の完成——

放電管のなかで高電圧をかけて正電極と負電極の間でバリバリッと放電を起こします。そうすると、正電極の物質を構成する原子の、たとえば一番内側の1s軌道にいる電子が放電の威力で外にはじき出されます。それによって1s軌道に「空席」ができたので、たとえば3番目の軌道である2p軌道の電子が、原子核の正の電荷に引かれて一番内側の1s軌道の「空席」に落ち込みます。そのとき、2p軌道のエネルギーは1s軌道のエネルギーより高いので、そのエネルギー差に相当する分がX線のエネルギーとなって外に飛び出してくるのです。このようにしてX線が発生します。

これを逆に利用すれば、発生したX線のエネルギーを測定することによって、それぞれの電子軌道のエネルギーがわかります（正確には電子軌道のエネルギーの差がわかります）。この電子軌道のエネルギーは、原子番号の違う原子では異なる値をもっているので、それぞれ元素固有のエネルギー値になります。なぜなら、中心にある原子核の正電荷の値が、原子番号Zに比例して変わるので、その周りを回っている電子を引き付ける強さが元素によって違ってくるためです。だから、発生するX線のエネルギーを測定すれば、元素の種類を同定することができます。

このように元素固有のエネルギーをもつX線（「**特性X線**」といいます）が発生することを発見したのがイギリスのチャールズ・バークラであり、1917年にノーベル物理学賞を受賞しています。また、X線のエネルギーを高分解能で調べる分光技術を開発した業績で、ノーベル賞のお膝元スウェーデンのマンネ・ジークバーンが1924年にノーベル物理学賞を受賞しています。

当時知られていたあらゆる物質をかき集めて、各元素から発生するX線のエネルギーを手当たり次第に測定したのが、イギリスのヘンリー・モーズリーでした。その結果、原子番号が大きくなるにしたがって特性X線のエネルギーが順番に高くなることを見事に示しました。それによって、原子番号が確定していなかった元素の原子番号を決定することができました。

当時、各元素の原子番号は化学的手法で決められていたのですが、化学的性質が酷似しているいくつかの元素の原子番号が決められていませんでした。それに対して、モーズリーの方法では特性X線のエネルギーの大きさを順番に並べるだけで原子番号を決定することができたのです。

しかし、モーズリーの実験結果、つまり原子番号対X線エネルギーのデータの列には、いくつか飛びがあることがわかりました。それは、周期表で空欄になっている箇所があること、つまり未発見の元素があることを意味していたのです。モーズリーの地道なX線エネルギーの測定によって、周期表が完成に近づいたのです。

周期表は、ご存知のようにドミトリ・メンデレーエフが19世紀に提案したものですが、当時はすべての元素が発見・同定されていたわけではありませんでした。モーズリーの死後、彼が予言した未発見の元素が次々と発見されました。その意味でモーズリーもノーベル賞を受賞すべき人でしたが、第1次世界大戦に志願兵として出征して27歳の若さで戦死してしまいました。

宇宙の物質も分析

ずいぶん前に、毒入りカレー事件という殺人事件が日本で起こりましたが、カレーのなかに入っていた極微量の毒物がヒ素（元素記号As）であることを突き止めた方法が、この特性X線のエネルギーを測定する「**X線分析**」という実験手法でした。また、この方法は、アメリカの月面探査機アポロが月から持ち帰った石や、最近では、はやぶさが小惑星イトカワから持ち帰った微粒子の成分を調べたりするのにも使われました。物質から発生する特性X線のエネルギーを調べることで、どんな元素が入っているのか、極めて微量な元素の種類までわかるのです。宇宙の物質といえども、周期表のなかのどれかの元素でできているので、物質からX線を発生させてそのエネルギーを測れば、すぐに含有元素の種類がわかるのです。

ここで余談ですが、私たち人間は宇宙の果てまで行ったこともないのに、宇宙に存在するすべての元素は私たちが知っている周期表のなかの元素だけであり、それ以外はないと確信をもっています。それ以外の物質などありえないという確信は、科学の驚嘆すべき成果だと思います。私たちが知っている、原子核の周りを電子が周回するという構造の原子と違った構造をもった「原子」は、今のところ考えられません。もちろん、宇宙には、ダークマターやニュートリノなど、原子とは違った種類の粒子が存在することがわかっていますが、それらは物質を作っている元素とは違います。

1・4 量子物理学の幕開け―電子の波の発見―

原子のなかの電子は、なぜ決まったエネルギーの電子軌道で原子核の周りを回り続けているのでしょうか。

太陽の周りを回っている地球などの惑星は、ニュートンの万有引力によって太陽に引き付けられながらぐるぐる回っています。惑星の公転の遠心力と太陽からの引力がつり合っているのです。もし惑星の公転スピードが落ちれば遠心力が弱くなり、太陽からの引力が勝って、その結果、太陽の周りをぐるぐる回りながらだんだん太陽に近づき、最後には太陽に飲み込まれてしまいます。しかし、宇宙空間では惑星の周回運動を減速させる「抵抗」がないので、惑星は減速されることなく回り続け、それゆえ決まった軌道を回っています。地球が太陽の周りを1周するのに1年かかりますが、それがだんだん長くなったりすることはありません。

原子はなぜ安定に存在できるのか

原子のなかの電子は負電荷をもっていますので、原子核の正電荷によるクーロン引力によって引き付けられて回っています。しかし、原子の場合、古典物理学の（電磁気学と呼ばれる）理論によると、電子のような電荷をもつ粒子が周回運動をしていると、その粒子は光を放出して次第にエネルギーを失います。その結果、電子はぐるぐる回りながらだんだん原子核に近づいていき、最後には原子核に落ち込んで衝突してしまうというのです。つまり、電子が原子核の周りを安定して回り続けること、すなわち、原子が安定に存在するという当たり前の事実が古典物理学の理論では説明できないのです。

この問題を解き明かしたのが「量子物理学」であり、20世紀最大の学問的成果だと言っていいと思います。そのもっとも重要な「肝」は、粒だと思っていた1個1個の電子が、波の性質ももつということです。この電子の「粒子・波動二重性」が量子物理学の基礎を成す概念ですが、同時に日常の感覚では理解できない「最大の謎めいた性質」とも言えます。電子はパチンコ玉のような粒子の性質をもつときもあれば、水面の波のような性質をもつときもあるというのです。しかし、そんなことを言われても日常経験のなかで類似のモノがないので、実感できないのは当たり前です。私は30年間も物理学の研究と教育に従事していますが、この「**粒子・波動二重性**」についていまだに納得できたという気持ちにはなれません。たぶん、誰も納得できないと思いますが、電子の粒子・波動二重性は事実であり、受け入れざるを得ません。

レントゲンのX線の発見に触発されて、イギリスのJ・J・トムソンは真空放電管の研究を行い、放電のときに出る陰極線が、負電極から正電極に向かって走る電子の流れであることを発見しました。X線は放電管の正電極から出ますが、陰極線は負電極から出ます。彼は「電子」という言葉を使わず、「原子の破片」と呼びましたが、彼の実験が「電子の発見」とされています。電子は決まった質量と電荷をもつ粒であることを見出し、しかも、その質量がもっとも軽い原子である水素原子の2000分の1程度であると推定しました。トムソンはこのような放電現象の研究業績によって1906年にノーベル物理学賞を受賞しています。それ以後、電子が粒であることは当たり前のこととして信じられてきました。ですので、太陽の周りを回る惑星のように、原子核の周りを電子が粒子として回っているという描像ができたのです。

電子はX線と同じ「波」

ところが、フランスのルイ・ド・ブロイが、電子には波としての性質が備わっていることを提唱し、1929年にノーベル物理学賞を受賞しています。彼の理論は、アインシュタインの光についての理論を逆にたどった理論でした。アインシュタイン以前には、光は電磁波という波だと信じられてきましたが、実は「光子」という粒子の性質も併せ持つとアインシュタインが言い出して、それまで説明のつかなかった実験(光電子放出といわれる実験)の結果を明快に解き明かしました。その成果によってアインシュタインは1921年のノーベル物理学賞を受賞していました。

ド・ブロイは、その逆の考え方を電子に当てはめました。つまり、J・J・トムソン以降、粒子だと信じられてきた電子が、波としての性質ももつのではないかと言い出したのです。

アインシュタインの光子理論もそうでしたが、ド・ブロイによる電子波動性説も、提唱された直後は、学界から荒唐無稽な理論だとさんざんこき下ろされたそうです。そのあたりの経緯は、拙文「波と量子」(『数理科学』576号、34〜40ページ、2011年6月号)を参照してください。

しかし、その後、「**電子回折**」という実験で、見事にド・ブロイの理論が実証されたのです。

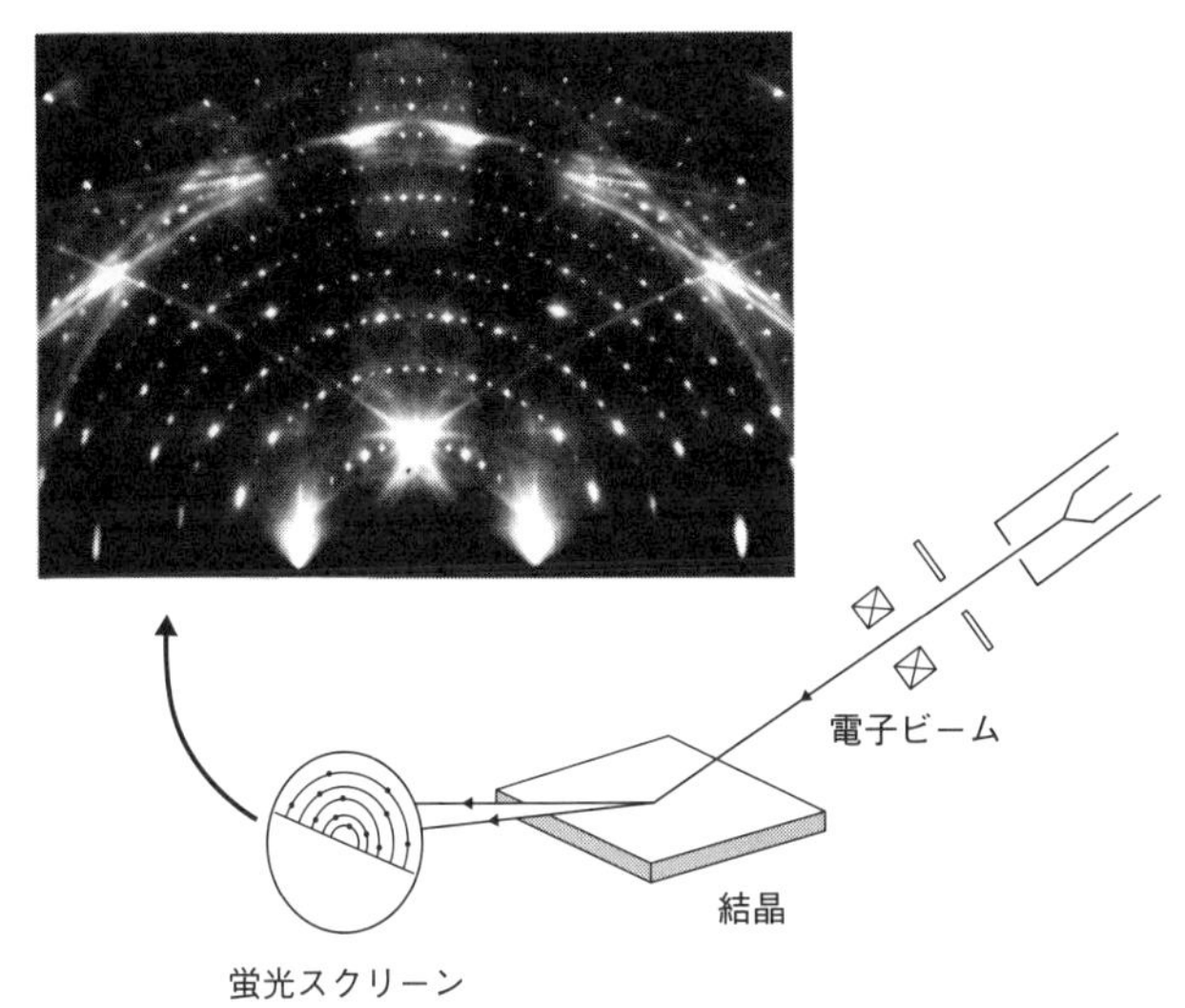

図1.3 シリコン結晶からの電子回折パターンの例（筆者撮影）。電子ビームを斜めから結晶表面に当てると、前方に電子回折パターンが蛍光スクリーン上に映る。輝点の並び方や間隔から、結晶のなかでの原子と原子の間隔や原子配列を調べることができる。

前に出てきたX線回折と同じように、結晶に電子ビームを当てて、反射されてくる電子の強さを調べると、X線の場合と全く同じように、特定の方向だけに強く反射されたり（ブラッグ回折）、別の方向にはほとんど反射されなかったりしたのです（図1・3）。この実験から、電子が波の性質をもつこと、さらに、ド・ブロイの理論が予言するとおり、その波長がX線の波長と同じく0・1nm程度だということがわかったのです。この電子回折の実験によって電子の波動性を実証したアメリカのクリントン・デイヴィソンとイギリスのジョージ・トムソンが1937年にノーベル物理学賞を受賞しています。ちなみに、このジョージ・トムソンは、電子を「原子の破片」と呼んで極微の粒であることを発見したJ・J・トムソンの息子です。お父さんが電子の粒子性を発見し、息子が電子の波動性を実証しました。

ついでながら、電子の波動性と粒子性を直接的に示す実験が、日本の外村彰らによってなされており、「世界一美しい実験」として知られています。興味ある方は、『世界でもっとも美しい10の科学実験』（ロバート・P・クリース著、青木薫訳）をご覧ください。

このように、光も電子も、粒子としての性質と波としての性質を併せ持っている「怪人二重面相」なのです。これが量子物理学の根幹を成します。そうすると、原子の構造のイメージが変わってきます。

原子のなかで電子が波立っている

原子のなかで、電子は原子核の周りをぐるぐる回っていると言いましたが、太陽の周りを回る地球のような「粒子」ではなく、電子は「波」となって周回しているのです。その周回する長さがちょうど電子の波長（の半分）の整数倍になっていれば、電子はその周回軌道を安定してずっと回り続けるのです。周回の長さと波長の長さがちょうどマッチングすると、波がうまく波立つ状態（「**定在波**」状態といいます）になるのです（図1・4（a））。そして、そのような特定の波長にな

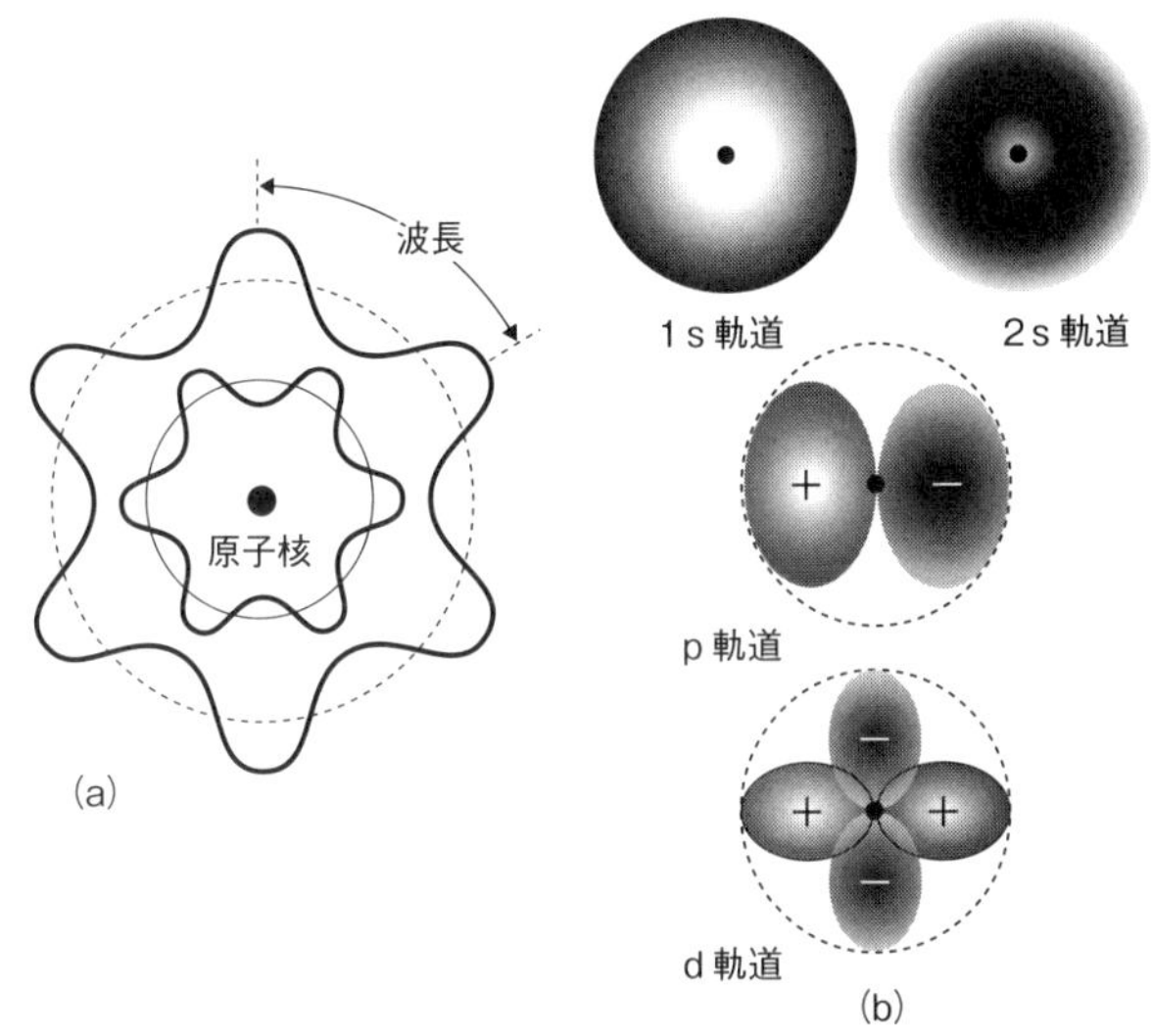

図1.4 (a) 原子のイメージ。決まったエネルギーの軌道にある電子の波が幾重にも原子核を取り巻いている。(b) 実際の電子軌道の電子密度分布の模式図。

るには、電子は特定のエネルギーをもつ必要があり、それゆえ、それぞれの電子軌道ではそれぞれ決まったエネルギーの電子が周回しているのです。ちょうどバイオリンやギターの弦の振動のように、弦の長さが決まると音の高さが決まる、つまり音のエネルギーが決まるのと同じです。円形に閉じている弦が振動しているイメージが、原子核の周りを回る電子です。

このように、電子の波動性をもとに、電子が定在波状態として原子核の周りを取り巻いているのです。その結果、原子が安定して存在できるという当たり前の事実を、量子物理学は「説明」したわけです。その中心的役割を果たしたニールス・ボーアがその成果によって1922年にノーベル物理学賞を受賞していま す。

原子のなかでは原子核の周りをいくつかの電子が周回しているという太陽系のイメージは、日本の長岡半太郎やフランスのペラン、イギリスのアーネスト・ラザフォードから始まっていますが、図1・4（a）に模式的に示したように、原子核の周りに電子の波が幾重にも重なって取り巻いているといったイメージが、実は原子の正しい描像です。

原子核の周りを電子が回っているといっても現実にはもっと複雑になっていて、図1・4（a）に描いたような円軌道の形ばかりではなく、実は8の字のような形の軌道もあれば、四つ葉のクローバーのような形の軌道もあります。それぞれ図1・4（b）に模式図として描いていますが、球対称の軌道を「**s軌道**」、8の字型の軌道を「**p軌道**」、四つ葉のクローバー型の軌道を「**d軌道**」といい、この順番にエネルギーが高い軌道になっています。

さらに、原子核の周りを回る勢いを表す「**角運動量**」という量が、s軌道、p軌道、d軌道の順番に大きくなっています。角運動量が大きいということは、原子核から遠い軌道を速いスピードで回っているということを意味します。この角運動量は、本書の主題であるトポロジカル絶縁体の原因となる「スピン軌道相互作用」と呼ばれる効果に関わる重要な量です（第6章参照）。また、s軌道は球対称で方向によって性質が変わらないので、金属結合のように方向に依存しない化学結合を作るのに主役を演じますが、p軌道は特定の方向に軌道が伸びているので、共有結合のように特定の方向に化学結合を作るときに主役を演じます。原子どうしの結合の様子は次の章で述べます。

以上、大まかに述べた20世紀初頭に起こった物理学の大変革の物語は、たとえば『新版　電子と原子核の発見——20世紀物理学を築いた人々』（スティーブン・ワインバーグ著、本間三郎訳）にコンパクトに描かれています。

第2章 原子から物質へ

—2・1— 金属—電子の波が拡がる—

　前章で述べたように、原子核の周りを電子の波が幾重にも重なって取り巻いているという表現が原子のイメージにぴったりです。ですので、よく教科書や本に原子の図として出てくるパチンコ玉のようなイメージではなく、原子の表面はボーッとしてはっきりしない、縁日の夜店で売っている「綿あめ」のようなものだと言えるでしょう。電子の波は雲のようになって、原子核の大きさより1000倍以上も拡がって小さな原子核を「ふっくらと」包み込んでいます。だから、原子の最表面は「ふわふわと柔らかく」、変形しやすいのです。（しかし、原子を絵に描くときには、やはりパチンコ玉のような絵にならざるを得ませんが。）

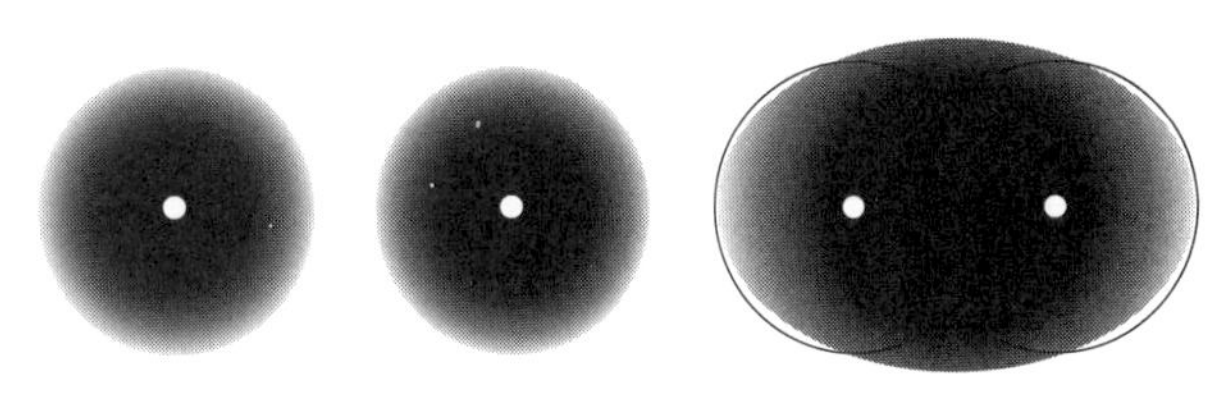

図2.1　2つの孤立原子が近づいて、価電子の波が重なるほど近づくと、化学結合ができて分子ができる。

分子―電子波が原子をつなぐ―

そのような原子を2つ用意して、互いに近づけると何が起こるでしょうか。

2つの原子を十分接近させると、一方の原子の一番外側の電子（「**価電子**」といいます）の波が、他方の原子の原子核からも引き寄せられて、そちらの原子の方に「たなびいて」広がりはじめます。逆に他方の原子の価電子の波もこちらの原子核に引き寄せられてきます。その結果、2つの原子の間では、両者からの価電子の波が重なり合います（図2・1）。その波はどちらの原子から来た波なのか、もはや区別がつかなくなり、2つの原子で「共有」されることになります。これが原子と原子の間の「**化学結合**」です。このように2つの原子が化学結合して分子ができます。原子の最表面はふわふわと柔らかく変形しやすいと言ったのは、一番外側の価電子の波が、このように隣の原子に引き付けられて容易に変形するためです。

たとえば、2つの水素原子（H）がお互いに十分近づくと、それぞれの原子核の周りを回っている電子の波が2つの原子核の間に広がり、化学結合を作って水素分子（H_2）ができます。同様に、いくつかの原子が集まって十分近づくと、価電子の波が重なり合い、複数の原子で共有されて化学結合ができ、種々の分子ができ上がります。酸素原子（O）1個と水素原子2個が集まると水分子（H_2O）ができ、炭素原子（C）6個と水素原子6個が集まるとベンゼン分子（C_6H_6）ができます。

分子を構成する個々の原子の価電子の波は、原子と原子の間に広がり、「**分子軌道**」という、これまた決まったエネルギーをもつ電子軌道を作って波として安定に存在し、分子の骨格を形作ります。この分子軌道のエネルギーは、それぞれの原子が孤立していた状態での電子軌道のエネルギーより低い値をとります。つまり、エネルギーが下がって、全体として安定化するのです。自然は、エネルギーの低い安定した状態になりたがる、ということは、あらゆる分野の科学で共通する大前提です。原子としてバラバラでいるよりお互いに化学結合を作って結び付いたほうが安定になるので分子ができるわけです。

原子がたくさんつながって結晶に

さらに、原子が何百、何万、何億、何兆個と極めて多数集まるとどうなるでしょうか。

元素によっては、個々の原子の価電子の波が、すぐ隣の原子との間だけにとどまるのではな

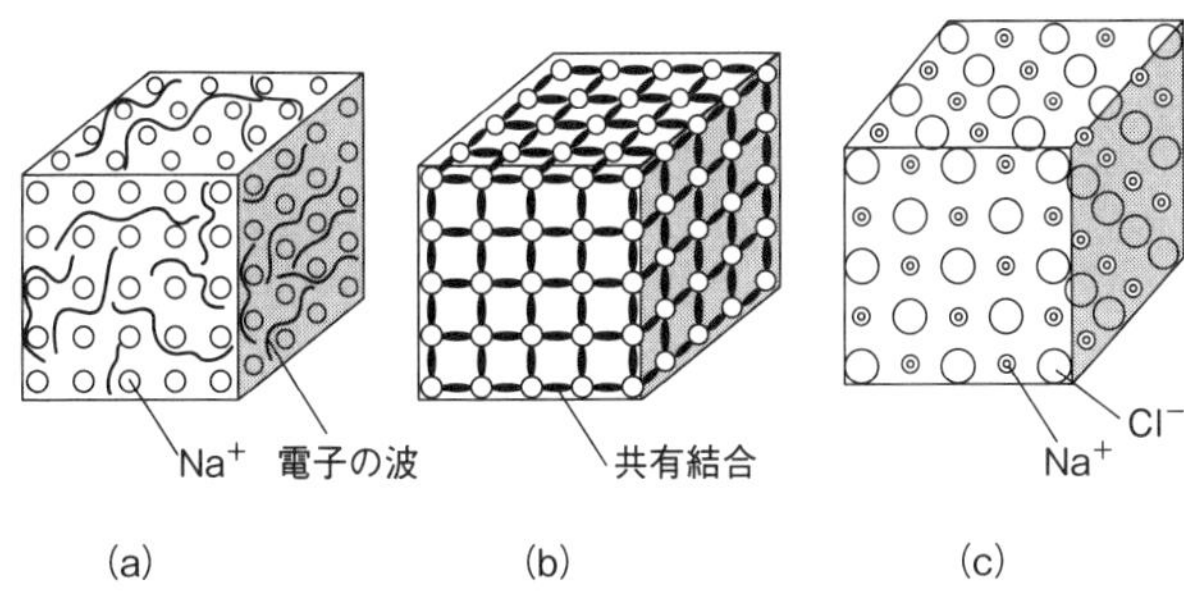

図2.2 さまざまな結晶の模式図。(a) 金属結晶、(b) 共有結合結晶、(c) イオン結晶。

く、さらにその隣の原子へと次々と拡がっていきます。その結果、多数の原子から出た価電子の波が広範囲で重なり合い、多数の原子核を包み込みます。これによって、多数の原子が結合することになります。このような形式の原子どうしの結合を「**金属結合**」といい、そのようにしてできた物質が「金属」です(図2・2(a))。

たとえば、ナトリウム(Na)の場合、それぞれの原子から1個の価電子の波が拡がって、他のNa原子から出てきた価電子の波とお互いに重なり合い、多数のナトリウムイオンNa^+を覆います。その結果、正電荷のためにお互いに反発しているNa^+どうしを結び付けて金属ナトリウムという塊(かたまり)、つまり物質になります。

とくに、多数の原子が規則正しく並んだ状態、つまり「**結晶**」がもっとも安定な物質の形になります。それは、多数の原子が乱雑に並んでいる状態より、規則的に原子が並んだほうが、価電子の波がより広範囲に拡がって、多数の原子を包み込んで結合できるからです。

満員電車のなかのように多数の原子が乱雑に並んでいると、電子の波が拡がりにくいのは、直感的にも想像できるでしょう。原子が乱雑に並んでいると、それに電子の波が頻繁にぶつかるので波として拡がらないのです。よく海岸で見られる「波消しブロック」は乱雑に置かれていますが、その乱雑さが波を「消す」のに重要なのです。あれが、一定間隔できちんと並んでいると、波はきれいにはね返ったり一定方向に透過したりして（これがX線回折や電子回折と同じ現象です）、波の威力が衰えないかもしれません。他方、結晶のなかでは一定間隔できちんと整列した原子（正確には正イオン）の列ができているので、価電子の波は「波消し」されずに結晶のなかで広範囲に拡がるのです。そのほうがエネルギーが低くなって安定になるのです。

それぞれの原子の価電子の波が、結晶のなかでは数百万個、数億個という多数の原子を包み込む広い範囲に拡がっているので、それらの電子は、自分の「親元」である原子核による束縛から離れ、結晶全体を自由に動ける状態になります。これを「**自由電子**」状態と呼ぶこともあります。

ですので、金属結晶の両端に導線をつないで電池で電圧をかけると、その電子の波がすぐに流れ出します。これが電流です。金属が電気をよく通すのはこのためです。電圧をかければ、自由に動ける電子の波は正電極のほうに引き付けられて流れ出します。

2・2 絶縁体──電子の波が引きこもる──

一方、結晶のなかには、ダイヤモンドや塩の結晶のように、電圧をかけても電流がほとんど流れないもの、つまり「絶縁体」があります。そのなかの電子はどうなっているのでしょうか。

前に、原子がいくつか結合して分子ができる様子を述べました（図2・1）。たとえば、水素原子が2つ近づくと価電子の波が2つの原子の間で共有されて化学結合ができ、水素分子H_2になりました。それでは、たくさんの水素原子を集めて、お互いに近づけると、金属の場合のように、価電子の波が多数のH原子を包み込むように拡がるのでしょうか。

実は、そうなりません。

水素原子の価電子の波は、2つの原子を結びつけるだけで、それ以上は拡がりません。ダイヤモンドの構成元素である炭素原子（C）の場合も、価電子の波は、最隣接のC原子との間にだけとどまっていて、金属のように多数の原子を包み込むようには拡がりません。

なぜ、金属と違うのでしょうか。

共有結合—ダイヤモンド—

ダイヤモンド結晶のなかのC原子間の結合や、水素分子のなかのH原子間の結合のように、隣どうしの原子の価電子の波が2つの原子の間だけにとどまってしまう場合を「**共有結合**」といいます。共有結合のときには、隣どうしの原子から出てきた価電子の波が重なることによって、エネルギーが著しく低くなって安定化します。なので、電子は、2つの原子の間にだけとどまって、そこに引きこもって「安住」してしまい、「隣近所」の原子にまで拡がることはないのです。一方、金属結合を作る電子は、隣どうしの原子の間にとどまっていても、それほど安定にならないので、そこには「安住」せず、むしろ「自由を謳歌」したほうがいいというタイプで、広い範囲に拡がることでむしろ安定化しているのです。

人間でも、「獲物」を求めて自由にさまよい歩く「狩猟民族」タイプの人もいれば、一ヵ所に「定住」して暮らすことを好む「農耕民族」タイプの人もいます。研究者でも、いろいろな分野を渡り歩いて成果を出すタイプと、一つの分野にとどまって深く研究して成果を出すタイプに分けることができます。それぞれ、何を「心地よい」と思うかで、最も「安定」した生き方が違うのです。電子の場合には、正確に言うと、運動エネルギーとポテンシャルエネルギーの2つのうち、どちらが優勢かという違いで金属結合の物質になるか、共有結合の物質になるかの違いが生まれます。

共有結合の物質では、隣り合う2つの原子の間だけに価電子の波がとどまってしっかりと安定化してしまうので、結晶の両端に電圧をかけても、その電子の波は、その場所から動きません。つまり電流が流れない、絶縁体になります。これが、ダイヤモンドが絶縁体となる理由です。

ダイヤモンドを構成するC原子は、実は、その一番外側に4つの価電子をもっています。ですので、1つの価電子しかもたないH原子が2つの原子の間の結合でH_2分子を作り、それ以上の化学結合は作らないのに対して、1つのC原子は、その周りに存在する4つのC原子と結合します。そして、その4つのC原子はそれぞれまだ3つの価電子が余っていますので、さらに周囲の3つのC原子と結合を作ります。さらに、それらのC原子はそれぞれ次の3つの隣接C原子と結合を作ります。このようにして、結合が次々とつながっていき、ダイヤモンド結晶ができ上がるのです（図2・2(b)）。しかし、それぞれの結合を作っている価電子の波は、それぞれの結合の場所にとどまって、拡がることはありません。

イオン結合―塩の結晶―

塩の結晶はどうでしょう。塩の結晶は、ナトリウム（Na）原子と塩素（Cl）原子から成り立っています。Na原子は一番外側の電子軌道に1個の価電子をもっています。Cl原子は、実は一番外側の軌道で価電子が1個「不足」している状態の原子なのです。周期表で右から2番目の列の原子、フッ素（F）、塩素（Cl）、臭素（Br）、ヨウ素（I）は、同じように価電子が1個「不足」している状態の原子なので、他の原子から1個の電子を受け取ると安定化するという性質をもっています。ですので、Na原子とCl原子が近づくと、Na原子の1個の価電子が容易に飛び出してCl原子の価電子の電子軌道に入ってしまいます。その結果、Na原子は正イオンNa^+になり、Cl原子は1個電子を受け取ったので負イオンCl^-になって安定になります。このようにしてできたNa^+イオンとCl^-イオンはお互いにクーロン力で引き合って結合します。さらにCl^-イオンの隣に別のNa^+イオンが近づけば、正負のイオンどうしなので、そこでも引き合って結合します。さらに、そのNa^+イオンの隣に別のCl^-イオンが近づけば、それも結合します。このように、Na^+イオンとCl^-イオンが交互に並べば、それらは正負の電荷のクーロン引力でお互いに結合して結晶となります。このような原子結合の様式を「**イオン結合**」、できた結晶を「**イオン結晶**」といいます（図2・2（c））。

Na原子からCl原子に移ってしまった価電子は、Cl^-イオンの一番外側の電子軌道に入り、Cl原子核に強く束縛されて安定化します。ですので、結晶の両端に電圧をかけても、その電子の波はCl^-イオンから離れようとしません。つまり、電流が流れません。これが、塩の結晶がダイヤモンド結晶と同じように絶縁体となる理由です。

絶縁体は電子の波が特定の場所に集まってそこにとどまってしまう（「**局在**」するといいます）のに対して、金属では電子の波が拡がっている（「**非局在**」といいます）、という違いが電気の流れやすさの違いを生んでいます。

「電気陰性度」でまとめると

ダイヤモンド結晶のなかで、C原子とC原子の間の共有結合を作る電子の波は、2つのC原子の中間位置に局在してそこにとどまっています。ところが、塩の結晶を構成するNa原子とCl原子を結合する電子の波は、上述のようにCl原子のほうに偏って局在します。つまり、Cl原子は電子を引き付ける力が強く、Na原子は引き付ける力が弱いといえます。それに対して、ダイヤモンドのなかのC原子どうしの結合の場合、2つの同じ原子が同じ力で電子を引き付けているので、電子の波は、両者のちょうど中間あたりにとどまるといえます。

アメリカの化学者ライナス・ポーリングは、それぞれの原子がこのように電子を引き付ける力が違うことから、その大きさを表す尺度に「**電気陰性度**」という名前をつけました。ダイヤモンドの場合は、電気陰性度が同じC原子どうしの共有結合でしたが、Na原子とCl原子のイオン結合は、電気陰性度が極端に違う2つの原子の場合の共有結合と考えられ、それにイオン結合という名前がつけられているだけです。

一般に、異なる2つの原子は電気陰性度が違うので、その2つの原子が化学結合を作るとき、その結合を作る電子の波が電気陰性度の高い原子のほうに強く引き付けられるのです。多少の偏りはありますが、2つの原子の間で価電子が共有されて、そこに局在するということはダイヤモンドと変わりありません。ですので、イオン結合はその極端な場合にあたり、電気陰性度が極端に違う2つの原子の間の共有結合といえるのです。このような概念を提唱して化学結合の本性を解明した業績によって、ポーリングは1954年にノーベル化学賞を受賞しています。

イオン結合と共有結合の違いが、このように電気陰性度の違いを使えば統一的に理解できます。金属結合と共有結合の違いも、2つの価電子の波が重なったときに安定化する度合いが違うという差であって、もとになるメカニズムは同じです。一見すると多様な現象や多様な物質を、なるべく少ない原理原則で包括的に説明しようとするのが科学の醍醐(だいご)味(み)です。原子と原子が結合して結晶ができるのは、いずれの場合でも電子の波が重なり合い、エネルギーとして安定になるというたった1つの原則から理解できるのです。

絶縁体を金属にする

2017年に、絶縁体である水素ガスを超高圧にすると金属になるという論文が発表され、話題を呼びましたが、再現実験がまだなされていません。水素ガスを低温（マイナス252℃）にすると液体水素になりますが、それは単に水素分子（H_2）がたくさん集まった状態ですので、電気を流さない絶縁体です。価電子はそれぞれの分子の内部に局在している状態だからです。しかし、それに５００万気圧というとてつもない高い圧力をかけると、水素原子と水素原子の距離が近くなり、その結果、２つの水素原子の間で共有結合を作っていた価電子が、隣の水素分子まで包み込むように拡がるといいます。つまり、価電子の波がたくさんの水素原子核を包み込むようになるので、これはまさに金属状態になったわけです。この超高圧力は地球中心部での圧力よりも高いそうですが、木星や土星の中心部ではこの圧力が実現されているとのことで、そこには金属水素が閉じ込められていると予想されています。

２・３ 半導体―電子の波が拡がったり引きこもったり―

電気がよく流れる金属と、電気が全く流れない絶縁体を紹介しましたが、この２つの両極端の中間的な性質をもつ物質が「**半導体**」です。つまり、電気がほどほどに流れる物質です。シリコン（Si）やヒ化ガリウム（GaAs）などが代表的な半導体で、パソコンやスマートフォンをはじめとして、ありとあらゆる電気製品に利用されている物質と言ってもいいでしょう。

実は、この「ほどほどに」電気が流れるという性質が、実用上、極めて重要になります。なぜなら、金属では、微弱な電圧でも電流がどーっと流れてしまうので、人間が意図するように電気の流れ方をコントロールするのが難しいのです。反対に絶縁体では、電流が全く流れないので、これまた人為的に電気の流れ方を変えることができません。ところが、半導体では「ほどほどに」電流が流れますので、電圧のかけ方を工夫したり、温度を変えたり、光を当てたりして、人為的に電流をたくさん流したり、逆に全く流れないようにしたり、性質を変えることが可能なのです。これが、さまざまな目的に役立つデバイスとして半導体が利用される理由です。

半導体では、なぜ「ほどほどに」電流が流れるのでしょうか。

絶縁体では、隣接する2つの原子から出てきた価電子の波が共有結合を作ると、エネルギーが著しく下がって安定化し、その場所に安住する、つまり「局在」すると説明しました。逆に、金属結合を作る価電子は金属結合を作ってもエネルギーがあまり下がらず、波が局在せずに結晶全体に「拡がった状態」になるということでした。ですので、半導体の場合は両者の中間です。つまり、隣接する2つの原子から出てきた価電子が共有結合を作って局在したとき、「少しだけ」エネルギーが下がるのです。実は、この「少しだけ」の安定化エネルギーの量が、絶妙にちょうどよいのです。

半導体温度計——熱エネルギーを利用——

たとえば、室温（300ケルビン、27℃の温度）の熱エネルギーをもらうと、半導体で共有結合を作っている価電子が、局在状態から飛び出して（「**励起**」するといいます）、金属のように波が拡がった自由電子の状態になれるのです。そうすると、その電子が電流となって流れます。ですので、半導体では、温度が上がるほど、その熱エネルギーでたくさんの電子が共有結合状態から解放され、金属のなかでのように自由に動けるようになるので、電流として流れやすくなります。逆に低温になるほど、共有結合状態になって局在する電子が多くなり、自由電子状態の電子の数が少なくなるので絶縁体のように電流が流れにくくなります。

逆に、このような現象を利用すると半導体を使った温度計を作ることができます。温度が上がると電気がよく流れ、温度が下がると電気が流れにくくなるということは、温度によって半導体の電気抵抗が著しく変わるということを意味します。そこで、半導体の電気抵抗を測ることで、温度を測れる温度計（温度センサー）が作れるのです。**電子体温計**は、まさにこの半導体を利用したものです。

絶縁体の場合、共有結合を作っている価電子があまりにも安定化しているので、室温程度の熱エネルギーぐらいでは、共有結合状態から自由電子の状態に励起することができないのです。絶縁体の共有結合での電子の安定化エネルギーはそれほど大きく、電子はそこに局在して安住しているのです。逆に金属の場合には、もともと自由電子状態の価電子がたくさんいますので、温度を多少変えても電流として流れる電子の数はほとんど変化しません。そのため、温度を変えても電気抵抗の変化はずっと小さいのです。なので、高感度の温度計にはなりません。

光センサー、太陽電池——光エネルギーも利用——

半導体において、共有結合状態の価電子を自由電子の状態に励起するのは、熱エネルギーだけでなく光エネルギーを使っても可能です。半導体の多くは、可視光を照射すると、価電子が、共有結合の局在状態から自由電子状態に励起されて、電流として流れるようになります。これが、半導体が各種の光検出器や太陽電池として利用される理由です。ここでもダイヤモンドなど絶縁体では、可視光を当てても自由電子が励起されないので、電流が流れないままです。金属では光を当てなくとも自由電子が多数いるので、光を当てても電気抵抗はほとんど変化しません。

昔のスチールカメラでは写真を記録するのにフィルムを使っていましたが、最近のデジタルカメラやスマートフォンのカメラでは、固体撮像素子と呼ばれる、まさに半導体デバイスで光を検出して画像を記録しています。一つ一つの画素（ピクセル）に入ってきた光によって半導体の共有結合状態にいる価電子が励起されて自由に動ける電子になります。その電子の個数の違いによって一つ一つのピクセルに入ってくる光の強さを検出して記録します。

最近のデジカメでは数百万から１０００万個におよぶ多数の画素によって画像が構成され、高精細写真になっています。そこでは、それぞれの画素に生じた自由電子の個数、つまり電荷を読み出す必要がありますが、それがＣＣＤ（電荷結合素子）イメージセンサーというもので、半導体の性質を巧みに利用したデバイスです。光によってそれぞれの画素に励起された自由電子を横方向に順送りして読み出し、画像を数値列のデータとして記録します。その方式を発明したアメリカのウィラード・ボイルとジョージ・スミスが２００９年にノーベル物理学賞を受賞しています。

発光ダイオード──逆に電子のエネルギーを光に変える──

共有結合に使われていて動けない状態だった価電子が、光を当てると励起されて自由電子になるというのなら、逆に、自由電子状態から共有結合状態に電子を落とし込めば光が発生するはずです。これが**発光ダイオード**（ＬＥＤ）で、これまた半導体でできています。半導体に電流を流し込むと、その電子が、自由電子状態から共有結合状態に落ち込み、そのエネルギーの差に相当する分が光のエネルギーとなって外に出てくるのです。２０１４年のノーベル物理学賞を受賞した赤﨑勇、天野浩、中村修二の３人は、窒化ガリウム（GaN）という半導体結晶を使って、青色の光が出るＬＥＤを作ることに成功しました。

赤色と緑色ＬＥＤは、以前からリン化ガリウム（GaP）などの半導体で実現されていましたが、青色ＬＥＤができて初めて光の三原色ＲＧＢ（Red, Green, Blue）がそろったわけです。それによってフルカラーディスプレーが可能となり、白色照明も実現しました。いまや電球や蛍光灯が、省エネで寿命が長いＬＥＤ照明に置き換わりつつあります。その意味で青色ＬＥＤの発明の意義が特別大きかったので青色ＬＥＤだけにノーベル賞が授与されたのです。

GaNやGaPのように半導体の種類によって、共有結合状態と自由電子状態の間の電子エネルギーの差が大きいものもあるし小さいものもあります。そのために発光する色が違うのです。ＲＧＢのなかで青色の光が一番高いエネルギーをもっていて、それを発光させるには、自由電子状態と共有結合状態とのエネルギーの差が大きいGaNという半導体が必要だったのです。GaNは半導体のなかでも絶縁体に近いほど、このエネルギー差が大きい物質です。赤色光はエネルギーが小さいので、自由電子状態と共有結合状態との電子エネルギーの差が小さいGaPという半導体が使われたのです。

いずれにせよ、このように、共有結合を作ることによって価電子がどれだけ安定になるのか、その安定化エネルギーの大きさが、半導体の場合に限り、室温付近の温度に対応する熱エネルギーや可視光に対応する光エネルギーにちょうどマッチングするのです。だから、いろいろな方法で電気の流れ方を自由自在に変えられ、いろいろなデバイスで半導体が利用されるのです。

半導体での電気の流れ方など、さまざまな性質を調べる分野が**半導体物理学**で、そのデバイス応用を研究するのが**半導体工学**と呼ばれる大きな分野です。半導体物理学は、実は、上述のような種々のデバイスへの応用研究と並行して発展してきました。

2・4 トランジスター──人類最大の発明──

いろいろな意見はあるとは思いますが、今までの120年におよぶノーベル賞の歴史のなかで、最も重要なノーベル物理学賞をひとつ選べと言われたら、私は迷うことなく1956年のものをあげます。アメリカのウィリアム・ショックレー、ジョン・バーディーン、ウォルター・ブラッテンの3人が受賞者となった「半導体に関する研究と**トランジスター**効果の発見」という業績です。なぜなら、私たちの現代の生活で、トランジスターにお世話にならない日は一日たりともないからです。トランジスターは今やパソコンやテレビ、スマートフォン、あらゆる家電、車などに入っていて、しかも1個や2個入っているのではなく、パソコンやスマートフォン1台あたり数千万個から1億個近いトランジスターが入っているのです。トランジスターなしでは、今や電車や車も動かないし、飛行機も飛ばないし、電話もかけられないし、テレビも見られません。現代の情報化社会の根底を支えているのが、このトランジスターという半導体デバイスなのです。

増幅作用とラジオ

トランジスターとは、電圧や電流の微弱な変化を、大きな変化に「拡大」するデバイスです。この機能を「**増幅**」作用といいます。小さな声を大きな声にするマイクのようなはたらきです。それを電気信号に対して行うのがトランジスターです。

図2・3のエミッターと呼ばれる針電極から半導体に電流を注入し、コレクターというもう1本の針電極から電流を引き出します。このとき、半導体結晶の裏側にベースと呼ばれる第3の電極をつけ、そこに電圧をかけます。そうすると、ベース電極にかかる電圧がほんのわずか変化すると、エミッターからコレクターに流れる電流の量が大きく増減するのです。

そのメカニズムは込み入っているので説明しませんが、なぜ、こんなものがノーベル賞になるほど重要なのか、と疑問に思うかもしれません。たとえば、東京スカイツリーから出されているテレビやラジオ放送の電波を考えてください。遠く離れた場所でその電波をアンテナで受信します。そうすると、電波によってアンテナの金属ワイヤのなかには非常に微弱な交流電流や交流電圧が発生します。その電流・電圧はあまりに微弱なので、そのままでは意味のある信号としては使えません。それを大きな交流電流や電圧に増幅するのがトランジスターです。スマートフォンでも同じように地上基地局からの電波をほどほどの大きさの交流電流に増幅していろいろなはたらきを内部でさせているわけですが、そのときにもトランジスターによる電気信号の増幅が必須

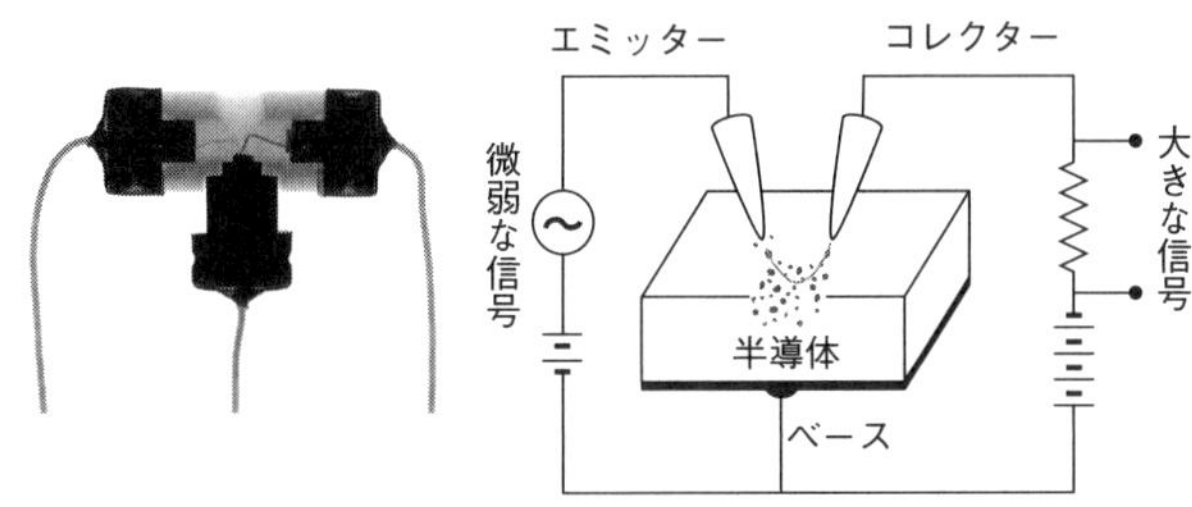

図2.3 バーディーンとブラッテンが作った最初のタイプの点接触型トランジスター。半導体結晶に2本の針を近づけて接触させて、裏側にも電極をつけて電気回路を作る。（左写真：©Science Photo Library/amanaimages）

です。

1948年に、上記の3人がアメリカのベル電話研究所に所属していたときにトランジスターを発明しました。その威力を示すために作ったのがトランジスターラジオでした。まさに、上述のように、微弱な電波の信号を大きな電気信号に変換してスピーカーを大音量で鳴らしたのでした。もちろん、それ以前にラジオはあったのですが、そこでは真空管というものが増幅機能を果たしていました。それは、スイッチを入れてからしばらくしてヒーターが温まらないとはたらかないし、大きくて電気をたくさん食うシロモノでした。トランジスターラジオがあまりにコンパクトで、しかもスイッチを入れた瞬間から音が鳴り出したというので、人々は驚いたそうです。

スイッチ作用とコンピュータ

トランジスターには、この増幅作用のほかにスイッチ作用があります。つまり、前に述べたように、ベース電極にかける電圧によって、エミッター電極からコレクター電極に流れる電流を大きくしたり、逆にその電流をせき止めたりできます。つまり、ON・OFFを切り替えることができるのです。これによって、電圧が高い状態（数ボルト程度）と電圧がゼロの状態を作り出せます。

コンピュータのなかでは、電圧が高い状態を二進数の「1」とし、電圧がゼロの状態を二進数の「0」として計算しています。コンピュータのなかでは二進法ですべての計算を実行し、最後の結果を表示するときに十進数に変換して人間にわかりやすいようにします。トランジスターは、電流を流したり電流を切ったりして、それぞれの桁を「1」の状態にしたり「0」の状態にしたり素早く切り替えることができます。驚異的なスピードでこのスイッチ作用を行えるので、コンピュータは計算が速いのです。

自分はパソコンやスマートフォンで計算などさせていない、と思う人がいるかもしれません。インターネットを見たり、YouTubeの動画を見たり、メールを送受信したりしているだけだと。しかし、それでも実際には内部で膨大な計算が実行されているのです。たとえば、画像や動画やメール文をディスプレーに表示するには、インターネットで送られてきた「0」と「1」の二進数の数値データを、ディスプレー画像として表示する形に変換します。それにも膨大な計算が必要なのです。私がこの文章を書くために今使っているパソコンのディスプレーは1280×800個の画素、つまり約100万画素から構成されています。しかも、それぞれの画素がR

GBの3色に分かれており、それぞれの色の明るさを256段階で表示することによって、フルカラーディスプレーとなっています。ですので、このパソコンの画面だけでも膨大な数の数値データから成り立っているのがわかるでしょう。動画では、1秒間に30枚程度の画像を次々と表示してなめらかに動いているように見せていますので、動画はさらに大きなデータ容量が必要なのです。そのデータからディスプレー画面に変換するときに、半導体で作られたトランジスターがせっせと計算しているのです。

情報化社会の礎―極微のトランジスターの登場―

実は、ショックレー、バーディーン、ブラッテンの3人によるトランジスターの発明だけで現代の情報化社会が築かれたわけではありません。現代のスマートフォンのなかには1億個のトランジスターが入っていると言いましたが、彼らが発明したトランジスター1個の大きさは、高さ、幅ともに数ミリメートル程度でしたので、そのトランジスターを1億個平面上にすきまなく並べると50メートル四方の広大な面積が必要になります。運動場程度の広さが必要です。3次元的に積み重ねたとしても5メートル角の立方体になります。ちょっとした倉庫の大きさです。これでは四畳半の部屋にさえ入りきりません。ですので、とてもノートパソコンや片手で持つスマートフォンには入りません。

そこで、トランジスターを信じられないくらい小さくする技術が必要です。その技術は、テキサス・インスツルメンツ社のジャック・キルビーという研究者が開発しました。いわゆる**集積回路**（IC）というものを発明したのです。写真技術を応用して電子回路の設計図をぐんと縮小し、半導体結晶の上に焼き付けて電子回路を作るという方法です。その方法で1億個のトランジスターを半導体に作り込みます。

3000メートルを超す富士山を1センチメートル四方のフィルムに記録できる写真技術を思い出せばいいでしょう。ただ、集積回路で使われる写真技術は、普通の写真よりはるかに高精細な写真なのです。例えて言うのなら、富士山全体の写真を撮ったとき、登山道を登っている登山者一人ひとりの顔まで写っているほど、高精細な写真技術を利用して、その写真に集積回路を縮小して写し込みます。それによって、現代では、トランジスター1個がインフルエンザウイルスより小さくなり、10ナノメートル程度の大きさになっています。ですので、指の上に載るほど小さい半導体結晶の上に1億個のトランジスターを並べて、しかも、その一つ一つに配線をした電子回路を作ることができるのです。これがパソコンやスマートフォンの心臓部となる集積回路です。一つ一つのトランジスターの原理そのものは基本的にはショックレー、バーディーン、ブラッテンが発明したものと同じですが、それをおよそ1000万分の1のサイズに縮小する技術を発明したキルビーには2000年のノーベル物理学賞が贈られています。これによって、情報化社会の時代がやってきたと言えます。

モバイル時代へ

実は、2000年ノーベル物理学賞の受賞者はキルビーだけではありませんでした。ロシアのジョレス・アルフェロフとアメリカのハーバート・クレーマーという2人の研究者も同時に受賞しています。この2人は、「高速光エレクトロニクスに使われる半導体ヘテロ構造の開発」という業績で受賞しました。2種類の異なる半導体を接合すると、その界面近くに、界面に平行方向だけに動ける自由電子が生まれ、それがスマートフォンなどの高周波の電波の送受信機や超高速トランジスターとしてはたらくという機能を発見したのです。これによって、現代のモバイル時代が到来したと言っていいでしょう。キルビーの発明と合わせて、2000年のノーベル物理学賞は、「情報通信テクノロジーへの基礎的貢献」という受賞タイトルがつけられていますが、すべて半導体を使ったデバイス開発の業績でした。

このように、半導体は、現代社会に与えた影響の大きさから、物質科学での最大の成功例と言えるでしょう。しかし、現在でも、より省エネのパソコン、より高速で大容量のデータを処理できるコンピュータやインターネットの開発のため、日夜研究が続けられています。とくに、最近、新聞やテレビでよく聞くビッグデータとか人工知能、機械学習といった技術では、さらに高性能で小型のコンピュータが必要なのです。

あるいは、いままでのコンピュータとは全く違った原理ではたらくコンピュータが発明されて、トランジスターがそれ以前の技術であった真空管を駆逐したように、現在の方式のコンピュータを駆逐するかもしれません。量子コンピュータとか量子情報物理といった分野が現在盛んに研究されています（第9章で紹介します）。そこでは半導体や次節で紹介する超伝導体、あるいは本書のテーマであるトポロジカル物質が主役を演じると予想されています。どんな理論やアイディアでも、具体的な物質を使わなければ実現されません。とくに半導体、そしてトポロジカル物質は、人為的に性質を変えられるというユニークな性質をもった物質ですので、有用さは依然として絶大なのです。

—2・5— 超伝導—物性物理学の華—

ここまで、電流がよく流れる金属、電流が全く流れない絶縁体、そして、ほどほどに流れる半導体を紹介してきましたが、もう一つ重要な物質を紹介しましょう。それが「**超伝導体**」です。これは、電流が電気抵抗ゼロで流れる物質で、電圧をかけなくても電流が流れます。一度流れ始めたら電流が「永久」に流れ続けるという、驚愕の性質をもっています。「永久」といっても、実は、実験から言えることは、宇宙の年齢以上に長い期間流れ続けるということですが、実質的に「永久」と言ってもいいでしょう。鉛（Pb）やアルミニウム（Al）などいくつかの金属や、さまざまな化合物を低温に冷却すると、普通の金属状態が超伝導状態に転移して超伝導体になります。その「**超伝導転移温度**」を室温に近づけようと、今でも多くの研究者たちが世界中で努力を続けています。室温に近い温度で、電気抵抗ゼロで電流を流せるなら、さまざまな応用が広がることは容易に想像できるでしょう。実際、病院で使われているＭＲＩ（磁気共鳴イメージング）やリニアモーターカーの強力電磁石のコイル電線に超伝導体がすでに使われています。

夢の超伝導送電

金属や半導体では、そのなかを電流が流れるとその物体は熱くなります。「**ジュール熱**」と呼ばれる熱が発生するためです。物質の両端に電圧をかけて電流を流すと、電気抵抗がゼロでない物質では必ずジュール熱が発生します。パソコンやスマートフォンを使っていると熱くなるのに気づきますが、あれがジュール熱です。バッテリーからの電気エネルギーが熱エネルギーとして無駄に使われているのです。ですので、省エネのパソコンを作るには、このジュール熱の発生を抑えなければなりません。つまり電気抵抗を小さくする必要があります。

また、発電所から各家庭までつながっている送電線には、電気抵抗の小さい金属である銅（Cu）線が使われていますが、そこでもジュール熱が発生して、5%程度の電気エネルギーが送電中にロスされているそうです。5%というと大した量ではないと思うかもしれませんが、日本国中で使われている総電力の5%を作るために、原子力発電所が数基必要なほど莫大なエネルギーなのです。電線が長くなればなるほどジュール熱によるエネルギー損失が増えます。ですので、日本各地に多数の発電所があり、それぞれ近隣の地域だけに送電線で電気を配っているのです。送電線でのジュール熱損失のため、送電線は短いほどいいのです。その意味で、電気エネルギーは「地産地消」が宿命なのです。

ところが、超伝導体では電気抵抗がゼロなので、（直流の）電流を流してもジュール熱が全く発生しません。ですので、送電線を超伝導体で作れば、長距離の送電でもエネルギーをロスすることもありません。そこに着目して、**「サハラ・ソーラー・ブリーダー計画」**と呼ばれる計画が日本から提案されています。アフリカのサハラ砂漠に巨大な太陽光発電設備を作り、そこで発生した電気を超伝導電線で、日本をはじめとして世界各地に送ろうという夢の計画です。計算すると、サハラ砂漠の4分の1程度をソーラーパネルで覆って発電すれば、世界中で使われる電力を賄えるとのことです。しかし、この計画はまだ具体化されていません。超伝導は低温でしか起こらない現象なので、世界中に張り巡らす送電線をどうやって冷やすか、その技術ができていないためです。もちろん、危機管理の面からも解決しなければならない問題があるでしょう。サハラ砂漠の発電所をテロによって破壊されたら全世界が一斉に停電することにもなりかねませんので。

超伝導の発見―オンネスから「BCS」へ―

超伝導現象は、1911年にオランダのカメルリング・オンネスによって発見されました。しかし、1913年の彼のノーベル物理学賞の受賞業績は、「低温における物性研究、とくに液体ヘリウムの生成に対して」となっていて、受賞理由のプレスリリースにも超伝導のことは一言も触れられていません。それまで液化されていなかった最後のガス、「永久ガス」と呼ばれたヘリウムを液化することに成功し、約4K（Kは温度の単位ケルビンの記号です。4Kは摂氏に直すとマイナス269℃）の極低温を実現しました。人類が到達できる最低温度を絶対零度に近づけたという功績が評価されたノーベル賞でした。

オンネスは、自分が作った液体ヘリウムのなかに水銀を浸してその電気抵抗を測定しました。水銀は、最近はあまり見かけなくなってきましたが、温度計や体温計に使われているのでお馴染みでしょう。室温付近では液体ですが、低温にすると固まって固体になります。実験の結果、4・2Kで突然、電気抵抗値が検出限界以下に減少しました。初めは実験の間違いではないかと思われていましたが、そのあと、スズ（Sn）や鉛がそれぞれ3・7Kおよび7・2Kで同じように電気抵抗が検出限界以下に突然減少することを見出しました。また、強力な磁場をかけると、その超伝導状態が壊されて、もとの電気抵抗値に回復することもオンネスが発見しました。

この超伝導がなぜ起きるのか、その謎を解くには半世紀近い年月が必要でした。量子物理学の理論が完成し、それを基礎にして物性物理学の理論ができ、それらを使って、ついに1957年にアメリカのジョン・バーディーン、レオン・クーパー、ジョン・シュリーファーが、のちに彼らの頭文字をとって「**BCS理論**」と呼ばれる理論を発表し、超伝導のメカニズムを解明しました。その業績によって彼らは1972年にノーベル物理学賞を受賞しています。

ジョン・バーディーンという名前は、前の節に出てきたのを覚えているでしょうか。トランジスターを発明した3人のなかの一人でした。ですので、彼は、驚くなかれ、1956年と1972年の2回もノーベル物理学賞を受賞しています。

実は、同じ部門のノーベル賞を2回受賞したのは歴史上、このバーディーンと、化学賞を2度受賞したフレデリック・サンガー（1958年と1980年）の2人だけです。ちなみに、マリー・キュリーは物理学賞（1903年）と化学賞（1911年）を1回ずつ、また、電気陰性度のところで出てきたライナス・ポーリングは化学賞（1954年）と平和賞（1962年）を1回ずつ受賞しています。歴史上、ノーベル賞を2回受賞している人は、いまのところ、この4名だけです。3

回受賞した人はまだいません。

超伝導のメカニズム―電子が加速されずに流れる―

なぜ、超伝導体では、電気抵抗ゼロで電流が流れ、ジュール熱が発生しないのでしょうか？

それに答えるには、なぜ、銅などの普通の金属や半導体（それらを総称して「**常伝導体**」と呼びます）では電気抵抗がゼロでないのか、という問いの答えから説明したほうがいいでしょう。

金属や半導体など常伝導体の物質の両端に電極をつけ、そこに電池をつないで電圧をかけて電流を流します。このとき1個1個の電子が流れる様子を見てみましょう。物質のなかの自由電子が正電極のほうに引っ張られて加速され、過剰な運動エネルギーをもつようになります。しかし、ある時間経つと、ある確率で、その電子は、物質のなかに存在する不純物や欠陥、あるいは振動している原子にぶつかって、加速されて得た過剰な運動エネルギーを失い、もとのエネルギー状態に戻ります。この衝突を「**非弾性散乱**」といいます。もちろん、欠陥や不純物などにぶつかってもエネルギーを失わない「**弾性散乱**」も起こりますが、非弾性散乱は一定の確率で必ず起こります。この非弾性散乱で失った電子の運動エネルギーが熱エネルギーとなって放出されます。これがジュール熱です。

電流を流し続けると、1個1個の電子は、加速されてちょっと進むと非弾性散乱されて運動エネルギーを失い、その後もう一度加速されては散乱されてまたエネルギーを失う、というプロセスを何回も何回も繰り返し、ジュール熱を少しずつ何回も発生し続けながら正電極まで移動していきます。ちょうど、パチンコ台のなかで、パチンコ玉が釘に何回も衝突しながら落ちてゆく様子と同じです。パチンコ玉が釘に衝突するたびにパチンコ玉の運動エネルギーが音や振動のエネルギーになって外に出ていきますが、電子の場合は、物質内の不純物や欠陥に散乱されるたびに運動エネルギーが熱エネルギーになって逃げていきます。このような散乱は、電流の流れを妨げるものであり、文字通り「**抵抗**」になります。ですので、電気抵抗がゼロでないということは、エネルギーが散乱によってジュール熱として失われることを意味します。

一方、超伝導体では、その両端につけた電極の間に電圧をかけて電流を流そうとすると、流れ始めてしまえばゼロの電圧で電流が流れます。ゼロの電圧なので、電子は加速されません。それゆえ、電子は過剰な運動エネルギーをもつことがありません。ですので、エネルギーを熱エネルギーとして放出しようとしても過剰なエネルギーがないのです。電気抵抗ゼロとは、ジュール熱を発生せずに電流が流れるということです。ですので、途中でエネルギーをロスしないので、いったん流れ始めたら永久に流れ続けます。

電圧によって加速されないとはいえ、超伝導体のなかを電流が流れたら、超伝導体のなかに存在している不純物や欠陥や振動する原子などに電子が衝突して、電流の流れが妨げられるのではないか、と考えるかもしれません。しかし、それが起こらないということをBCS理論が説明しているのです。超伝導状態にあるすべての電子は、一定エネルギーの状態にあり、エネルギーが上がったり下がったりできないという制約があるので、散乱によってエネルギーを失うことができず、それゆえ抵抗が生じ得ないのです。

なぜ、超伝導状態の電子は、一定エネルギー状態になって、エネルギーが上がったり下がったりできないのでしょうか。

2個の電子がペアになる

BCS理論では、負の電荷をもっている2つの電子が「引き合って」、弱いながら結合してペアになるということが、理論の基礎になっています。この2つの電子のペアを「クーパー対（つい）」と呼びます。負の電荷をもつ2つの電子どうしは反発するのであって、お互いに引き合うなんてことが起こるのか、と疑問に思うかもしれません。当然の疑問です。BCS理論では巧みなメカニズムで、同じ負電荷をもつ電子どうしが引き合うことを示しています。

金属結晶のなかでは、原子が規則的に並んでいますが、それぞれの原子では最も外側の価電子が離れて自由電子になって結晶のなかを自由自在に動き回っています。ですので、残された原子は正イオンになっています。つまり、電子は正イオンの格子のなかを動き回っていることになります。そのうちの1つの電子に注目すると、電子は負電荷をもっているので、その周辺の正イオンを引き付けます。つまり、その周辺で局部的に結晶格子が少しだけひずみます。それぞれの正イオンは、結晶格子の位置から少しだけずれて、その電子に近寄ってくるのです（図2・4の電子1）。そのため、1つの電子の近くには、正イオンが集まって正電荷の濃度が多少増えることになります。そうすると、別の電子（図2・4の電子2）は、その多少増えた正電荷によって引きつけられます。結果的に、最初の電子がもう一つの電子を引き付けていることになります。このようにして、結晶中の2つの電子は、正イオンの格子のひずみを媒介にして、実効的にお互いに引力を感じてペアを作ります。

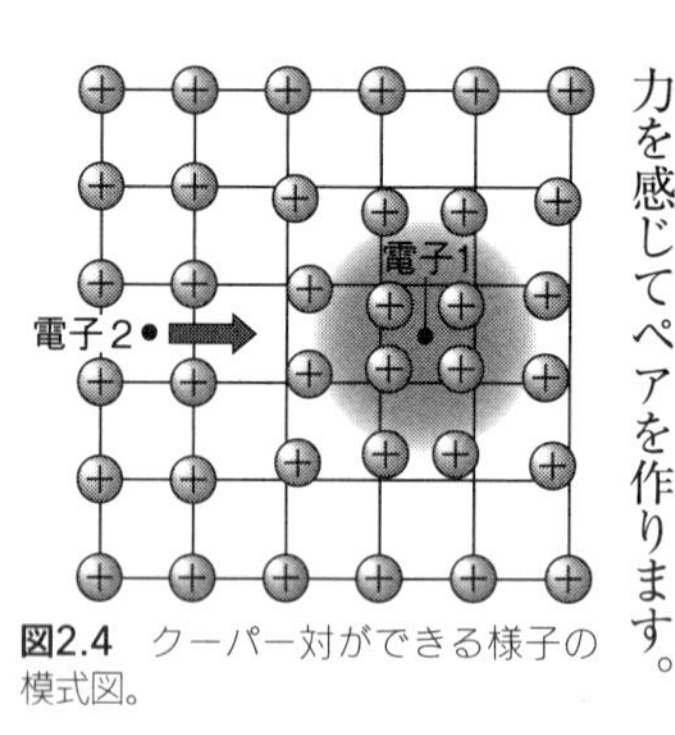

図2.4 クーパー対ができる様子の模式図。

ペアを作ると、共有結合を作る2つの価電子と同じように、2つの電子のエネルギーが下がって、わずかなエネルギー分ですが、安定になります。だから、そのペアを壊して、自由電子状態の2つの独立した電子に戻すには、ある量のエネルギーが必要になります。これを逆に言えば、そのエネルギー以上のエネルギーを与えないと、クーパー対が壊されずに維持されて、一定エネルギー状態、つまりクーパー対状態を保っているのです。この一定エネルギー状態に電子が入っていることが、欠陥や不純物による電子の非弾性散乱を起こさない理由です。散乱によってクーパー対の電子が2個の独立な電子に分離するために十分なエネルギーを得ることができないので、非弾性散乱されないのです。超伝導電流は、このクーパー対が流れているのです。

このクーパー対は共有結合の電子とはずいぶん様子が違います。超伝導状態でクーパー対を作る2つの電子は、共有結合の電子と違って1ヵ所に局在せずに、超伝導体全体に拡がった波として存在するのです。クーパー対を作る2つの電子は動き回りながら、お互いに引力を感じているのです。その2つの電子があまり近づきすぎると、上述の正イオン格子を介した引力より、電子の負電荷どうしの直接的な反発力が勝ってしまいます。ですので、クーパー対を作る2つの電子はかなり離れています。遠距離恋愛みたいなものです。その結果、その波は、共有結合のように1ヵ所に局在するのではなく、結晶のなかを拡がっています。この性質のためにクーパー対は電流となって流れるのです。

一定エネルギーをもっていてエネルギー状態が変わらない、クーパー対を作る2つの電子の拡がった波、これは普通の金属のなかの自由電子の波よりはるかに広範囲に拡がっており、ミリメートルやセンチメートル・サイズの超伝導体全体に拡がっています。そのような「大きな波」が「音もなく」（つまりエネルギーをロスすることなく）スーッと流れているのが超伝導状態です。パチンコ台のなかを釘と何回も衝突して騒々しい音を立てながら落ちてゆくパチンコ玉と違って、超伝導体のなかでは、電子の「波としての性質」がいかんなく発揮されているのです。（図2・4では、クーパー対を作る2つの電子を粒子のように描いていますが、実際は波として拡がっているのです。模式図として波は描きにくいので、粒子として描いています。）

「高温」超伝導から室温超伝導へ

さて、BCS理論によると、超伝導になる温度は40K（マイナス233℃）程度が上限で、それ以上の温度ではどんな物質でも超伝導に転移することはないだろうと予想されていました。ところが、1980年代になって突然、液体窒素の沸点である77K（マイナス196℃）を超える温度で超伝導になる物質が発見され、「超伝導研究フィーバー」が起こりました。そのきっかけとなる物質を発見したのがスイス・チューリッヒのIBM研究所のヨハネス・ベドノルツとカール・ミュラーで、その功績で2人は1987年にノーベル物理学賞を受賞しています。それは、ランタン（La）、バリウム（Ba）、銅（Cu）、酸素（O）の複雑な銅酸化物で、「**高温超伝導体**」と呼ばれています。「高温」といってもマイナス200℃程度の非常に低い温度であって、それは家庭の冷蔵庫ではとても到達できない低温です。しかし、オンネスが発見した水銀や鉛の超伝導転移温度に比べれば、30℃も高い温度で超伝導になるので、「高温超伝導体」と呼ばれているのです。

その後さまざまな超伝導体が発見されて、銅と酸素を含む物質としては、約150K（約マイ

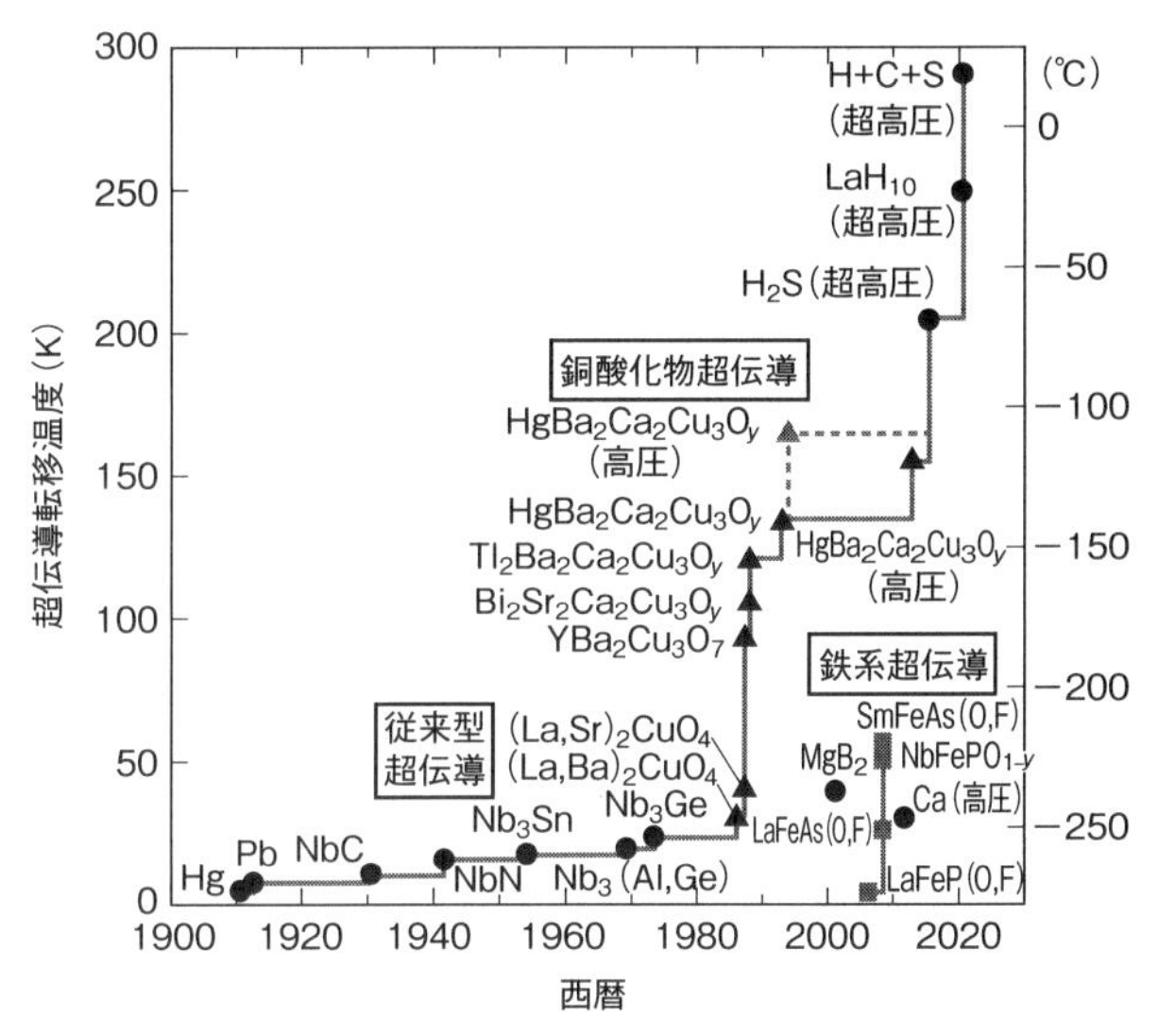

図2.5 さまざまな物質の超伝導転移温度。年を追って転移温度が高くなり、2020年10月、ついに室温15℃での超伝導が報告された。

ナス120℃)が超伝導転移温度としての世界最高記録になっています(図2・5)。BCS理論が予想した限界をはるかに超える高い温度で超伝導転移を示すので、そのメカニズムを解明するにはBCS理論を超えた新しい理論が必要だと言われています。現在でも盛んに研究されていますが、まだ万人が認める決定版となる理論が作られていないというのが現状です。この銅酸化物高温超伝導のメカニズムを解明する理論を作ったら、間違いなくノーベル賞をとれるでしょう。

第9章で紹介しますが、BCS理論で説明できる「従来型」超伝導のほかに、銅酸化物高温超伝導やトポロジカル超伝導といわれるものなど、新種の超伝導体がいろいろ発見されています。それらはＢＣＳ理論では説明できないものなので、「非従来型超伝導」と総称されており、現在、盛んに研究されています。

超伝導現象は、今のところ室温（３００Ｋ、27℃）付近では起こらず、低温でのみ見られる現象です。２０１５年に硫化水素ガス（H_2S）を２００万気圧程度の超高圧にすると、２００Ｋ（マイナス70℃）で超伝導状態になることが示されました。そのあと、LaH_{10}という水素化合物で２５０Ｋ（マイナス20℃）付近で超伝導になると報告がいくつかなされていますが、いずれにしても、２００Ｋや２５０Ｋといってもずいぶんと低温です。まだまだ家庭の冷蔵庫に入れると超伝導になるという物質は発見されていません。

２０２０年10月、ビッグニュースが飛び込んできました。アメリカの研究チームが、水素、炭素、硫黄の混合物を２６０万気圧で圧縮したところ、15℃の室温で超伝導が発現したと発表しました。この研究が正しければ、この物質が現在の超伝導転移温度の世界最高記録といえます。この物質の構造などの詳細は不明ですが、地球中心部に匹敵する超高圧の状態という特殊環境とはいえ、ついに室温で超伝導が実現したことは大きな成果です。今後、この物質の詳細が解明されれば、もっと圧力の低い状態でも室温超伝導が実現して実用に供される可能性が高いでしょう。ノーベル賞も視野に入るかもしれません。

まだまだ未解決の超伝導

超伝導は、ジュール熱が常に付きまとってくる日常世界からは想像できない現象であり、そのメカニズムは古典物理学では全く説明できません。しかも、１個の電子だけを考えていた量子物理学（「**１体問題**」といいます）では理解できず、２つの電子がペアを作り、その２つの電子を「糊付け」しているもの（ＢＣＳ理論では正イオン格子のひずみ）も必要になってくる、といった多数の要素を考えなければなりません。いわゆる「**多体問題**」になっています。このような極めて複雑な要素が絡み合って初めて発現する現象なので、超伝導現象は「物性物理学の華」と言われるときもあります。

そして、先にも述べた「高温超伝導体」のメカニズムは、どうもＢＣＳ理論では説明できないようで、今のところ物性物理学の最大の謎とされています。この謎が解かれれば、室温で超伝導に転移する物質を作る指針が得られるかもしれません。そうすると、サハラ・ソーラー・ブリーダー計画も夢物語ではなくなるかもしれません。

そして、本書のテーマであるトポロジカル物質が超伝導になると、さらに新しい超伝導状態になると予想されています。そのトポロジカル超伝導は、21世紀で一番重要な技術と言われている量子コンピュータを作るのに非常に都合がよいことがわかってきました。まだまだ理論的な予測ですが、これから実験的にその原理が実証され、実用化技術まで成長すると期待されています。

詳しくは第9章で紹介します。

第３章 物質は量子効果の舞台

３・１ 量子物理学の不思議──トンネル効果──

　ここまでいろいろな物質について述べてきましたが、物質のさまざまな性質は電子の振る舞いの違いによって生み出され、それらは基本的に量子物理学によって初めて理解できるということを説明しました。その根本が、電子は粒子でもあり波でもあるという神秘的な性質にあるので、日常体験する現象とのアナロジーがつけにくい場合が多いのです。

　ここで、もう一つ、日常的な常識では考えられない、量子物理学特有の現象を紹介しましょう。「**トンネル効果**」という名前がついている現象です。山を貫通するトンネルから想像できる現象と似て非なるものです。

1973年のノーベル物理学賞は、「固体内におけるトンネル効果の発見」という業績で江崎玲於奈、アイヴァー・ギエーバー、ブライアン・ジョセフソンの3人に贈られています。江崎は半導体のなかでトンネル効果を実験的に発見し、ギエーバーは江崎の発見に触発されて、超伝導体への電子のトンネル効果を初めて実験で観測しました。ジョセフソンは、超伝導体のクーパー対のトンネル効果を理論的に予言し、のちに実験で実証されました。

電子の波が「滲み出す」

トンネル効果とは、閉じ込めていたはずの電子がいつのまにか外に逃げ出してしまう、という現象です。動物園の檻に閉じ込められていたライオンがいつのまにか外に逃げ出してしまうなどということは、（檻のドアをしっかり閉めていれば）日常生活ではありえませんが、極微の世界では、電子が波としての性質を発揮して、「檻」の外に波がジワーッと「滲み出して」、その結果、電子が外に「逃げ出して」しまうのです。

電子にとって「檻」の役目をしているのが、「**ポテンシャル障壁**」です。川や海の水をせき止める堤防のイメージで、電子の流れをせき止めるはたらきをします。電子は負電荷をもっていますから、たとえば負イオンに対して電子は反発を感じて近づきません。ですので、負イオンをたくさん並べて円形状の囲い壁を作り、そのなかに電子を入れると、電子はそこに閉じ込められて外に出ていくことができません。円形の壁に近づこうとしても負電荷どうしの反発のために電子は近づけないので、囲いの壁をすり抜けることはできません。ちょうど、コップに入れた水のように、囲いのなかに閉じ込められます。このコップの壁に対応する囲い壁が、負イオンが作っているポテンシャル障壁です。

しかし、ここまでの説明は、電子を粒子のイメージでとらえた説明です。

電子が波の性質をもつことを考慮するとどうなるでしょうか。

電子の波は円形の囲いのなかに閉じ込められていますが、電子波のすそ野が囲い壁の内部に少し滲み込みます。壁が十分厚い場合には、電子の波が壁の外まで滲み出すことはないので、電子は完全に囲い壁で閉じ込められます。しかし、壁が薄い場合には、壁に滲み込んだ電子の波のすそ野が、ほんの少しだけ壁の外に滲み出します。つまり、電子はほんの少しの割合だけ外に出ていきます。これがトンネル効果です。

電子の波の確率解釈

しかし、電子波のすそ野のほんの一部分が壁の外に滲み出したからといって、電子がまるごと1個、壁の外に出ることはないのではないかと疑問に思うでしょう。電子はそれ以上分割できない素粒子なので、1個以下の電子は考えられません。

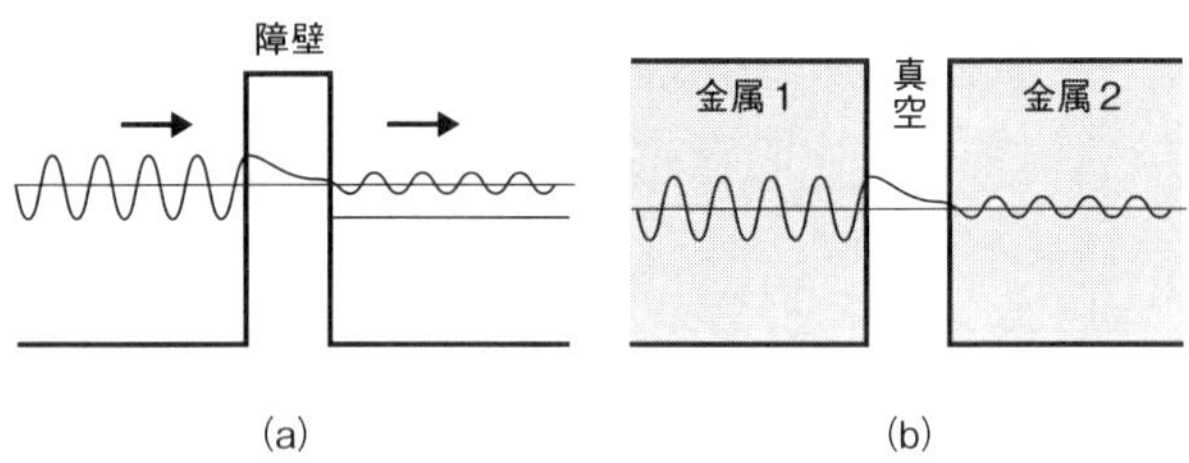

図3.1 トンネル効果。(a) 電子の波がポテンシャル障壁に滲み込んで反対側に滲み出していく模式図。(b) 2つの金属を近づけると、一方の金属の電子が真空中に滲み出し、その波のすそ野が他方の金属に滲み込んでいく。これがトンネル電流。

実は、ここで、電子の粒子・波動二重性の解釈が重要な役割をするのです。電子波のほんの一部だけが壁の外に滲み出しているということは、電子1個が壁の外に出る確率が極めて低いこと、しかし、確率が低いからといっても電子まるごと1個が外に出る確率がゼロではなく有限の確率になることを意味します。壁の外に出るときには、常に電子1個がまるまる出ますが、それが起こる確率が非常に低いということを意味します。電子の波動描像と粒子描像をつなぐのが、このような確率解釈なのです。これは、前に出てきたニールス・ボーアらが作り出した解釈で、いろいろな研究によって正しいと信じられています。

水がコップから外に出ていくには壁をよじ登らなければなりません。つまり、エネルギーが必要です。しかし、上述のトンネル効果で電子が壁の外に滲み出していくときには、壁を「よじ登る」わけではないので、エネルギーは要りません。エネルギーも必要なく、幽霊のようにスーッと壁をすり抜けてしまうのです（図3・1(a)）。山を貫通するトンネルを通れば、車は山を登らずに山の向こう側に行けるので、余分なエネルギーは必要ありません。そのようなアナロジーから、電子が外に滲み出す現象を「トンネル効果」と呼んでいます。しかし、メカニズムは、山を貫通するトンネルを通り抜ける車のイメージとはかなり違います。電子の波動性によって起こるのがトンネル効果です。

安物の紙コップに水を入れて長時間放置すると水が外に滲み出してきますが、あれは量子物理学でいうトンネル効果ではありません。これまた似て非なる現象です。紙のなかに小さな隙間があって、そこを水分子がすり抜けるだけで、むしろ、山のトンネルを通過する車と同じ古典物理学の現象です。

ポテンシャル障壁の外側に滲み出すのは、電子の波のすそ野だけですので、波全体のほんのわずかな部分です。これは、1個の電子が壁を通り抜けて外に出る確率が非常に小さいことを意味しています。つまり、外に出られる電子は何万個のうちの1個だけ、あるいは、何兆個のうちの1個だけ、というようにほんのわずかなのです。でも電子の数は莫大です。1A（アンペア）の電流は、1秒間に10の19乗（1000京）個もの電子が流れていますので、確率がほんのわずかでも実際に電流として検出できるほどの数の電子が1秒間にトンネルして外に出ることができます。

ポテンシャルの壁が厚いほど、そして、ポテンシャルの壁の高さが高いほど、電子が外に逃げ出す確率は少なくなります。電子の波が壁のなかに滲み込む距離が数ナノメートル程度と極めて短いので、ポテンシャルの壁の厚さは数ナノメートル以下でないと、反対側まで波が滲み出しません。ですので、このトンネル効果を実際に観測できるのは、原子1個から数個程度のサイズのミクロの世界だけです。人間の目に見える日常生活のなかでは決して見られません。

トンネル効果の実証

江崎玲於奈は、現在のソニーの研究所で不純物原子をたくさん入れた2種類の半導体を接合し、その間での電気の流れ方を調べていました。普通の物質では、オームの法則が示すように電圧を上げるほど電流がたくさん流れます。しかし、江崎の作った半導体では、電圧を上げると逆に流れる電流が減るのです。あたかも電気抵抗の値が負になっているように見えるので、「負性抵抗」と呼ばれる現象を発見しました。2種類の半導体の界面にできていたポテンシャル障壁が薄いので、電圧が低いときには、トンネル効果が起きて電流が流れていたのに対し、電圧を上げると、ポテンシャル障壁の両側の電位がズレてしまい、その結果、電子がトンネルできない状態となるため、むしろ電流が流れにくくなるのです。この半導体デバイスはエサキダイオード、または**トンネルダイオード**と呼ばれ、発振回路や検波回路などに使われました。

ジョセフソンは、2つの超伝導体を薄い絶縁体をはさんで接触させたとき、クーパー対が一方の超伝導体から他方の超伝導体にトンネルすることを理論的に予言しました。この場合、絶縁体がクーパー対に対してポテンシャル障壁の役割をします。トンネル効果がなければ絶縁体を間にはさんでいるので電流は流れないはずですが、絶縁体が十分薄い場合、クーパー対の波が絶縁体に滲み込んで反対側にまで滲み出すのでトンネル効果が起こります。

計算しやすいように、たとえば、1個の電子がトンネルする確率を0.001（1000分の1）としましょう。2.5節で述べたように、クーパー対は2個の電子でできているので、2個の電子が同時にトンネルする確率は、0.001×0.001＝0.000001（100万分の1）となり、1個の電子がトンネルする確率よりははるかに小さくなります。ですので、クーパー対はほとんどトンネルしないだろうと思われていましたが、実験で測定すると、1個の電子のトンネル確率と同程度、あるいはそれ以上の確率でトンネルするのです。これは、クーパー対を作っている2個の電子は別々に動いてトンネルしているわけではなく、2個の電子が一体となってトンネルしていることを意味しています。2個の電子が分離できない一体の波となって流れることが超伝導の本質なのです。

2.5節に述べたように、クーパー対を作っている2個の電子はあまり近づかず、「遠距離恋愛」のようにお互い引き付け合っています。言ってみれば2つの電子を結び付ける「絆」ができているために、離れているにもかかわらず2個の電子が一緒にトンネルするのです。

しかも、このとき、トンネル効果で流れる超伝導電流は、絶縁体薄膜をはさんだ2つの超伝導体の「位相差」によって決まるのです。位相差とは、第8章で詳しく説明しますが、波としてのズレです。2・5節で述べたように、超伝導体のなかのすべてのクーパー対は「大きな波」となっています。ですので、2つの超伝導体では、それぞれが大きな波をもっていますが、その位相が一致しているとは限りません。つまり、波としてズレている場合があります。そのズレに応じて、2つの超伝導体の間に電圧をかけなくともトンネル効果によって超伝導電流が流れるというのです。位相のズレがなければ電流は流れません。この「**ジョセフソン効果**」と呼ばれる現象はのちに実験的に実証され、今では超伝導量子干渉計（SQUID、スクィッド）という超高感度の磁場測定器として応用されています。

ギエーバーは、薄い絶縁体をはさんで超伝導体と普通の金属（常伝導体と呼びます）を接触させて電流の流れ方を調べました。常伝導体の金属から電子をトンネルさせて超伝導体のなかに入れようとすると、ある電圧の範囲で電子が全くトンネルしないことを発見しました。これは、BCS理論が予言していた「エネルギーギャップ（**超伝導ギャップ**）」であり、それを検出したことになったのです。この実験によってBCS理論が実証されたのです。このエネルギーギャップとは、2・5節で、2つの電子がクーパー対を作ることによってエネルギーが少し下がって安定になると説明しましたが、その安定化エネルギーのことで、ギエーバーの実験で測定されたエネルギーギャップの値とBCS理論から計算される値とがピッタリ一致したのでした。

3・2 走査トンネル顕微鏡

金属のなかにはたくさんの自由電子がいて自由に動き回っていますが、金属の表面から電子は外に飛び出してきません。それは、ポテンシャル障壁が金属の表面にあるからです。表面にあるポテンシャル障壁（「仕事関数」といいます）によって自由電子は金属内部に閉じ込められているのです。

しかし、そのポテンシャル障壁による電子の閉じ込めは完全ではなく、実は、前節で紹介したトンネル効果によって電子の波のすそ野が金属の表面からほんの少しだけ外に滲み出しているのです。でも、その滲み出し距離があまりに短い（1～2ナノメートル程度、原子数個分）ので、日常生活ではそれを検知することはありません。

しかし、実は、その電子の波の滲み出しを検出する方法があります。2つの金属を近づけて、両者の間隔を1ナノメートル程度の非常に短い距離にします（図3・1（b））。つまり、接触する直前のぎりぎりの状態にします。この状態で電池をつないで2つの金属の間に電圧をかけます。そうすると、2つの金属が接触していないにもかかわらず、電流が流れます。トンネル効果によって、一方の金属の表面から滲み出てきた電子の波のすそ野が、もう一方の金属まで到達し、そのために、一方の金属から他方の金属に飛び移る確率がゼロではなくなり、その結果、微弱ながら電流が流れるのです。このとき流れる電流を「**トンネル電流**」といいます。

物質表面から滲み出す電子波を検出する

トンネル電流は、2つの金属の間の距離が長くなると少なくなります。1ミリメートルとか目に見える間隙では全くトンネル電流は流れません。電子の波のすそ野がそんなに遠くまで金属から外に滲み出ていないためです。逆に、両者の間隔を小さくするとトンネル電流は増えます。このことを利用すると、両者の間のトンネル電流を測定することによって、1ナノメートル程度以下の微妙な距離の変化を精密に測定することができます。これによって、実は、結晶表面の凸凹を原子1個1個の高さの違いまで精度よく測定することができるのです。

一方の金属を鋭く尖らせた針にして、それを観察したい物質表面に1ナノメートル程度までに近づけます。そうすると、金属針のなかの電子の波が、その先端から滲み出て、観察試料の結晶

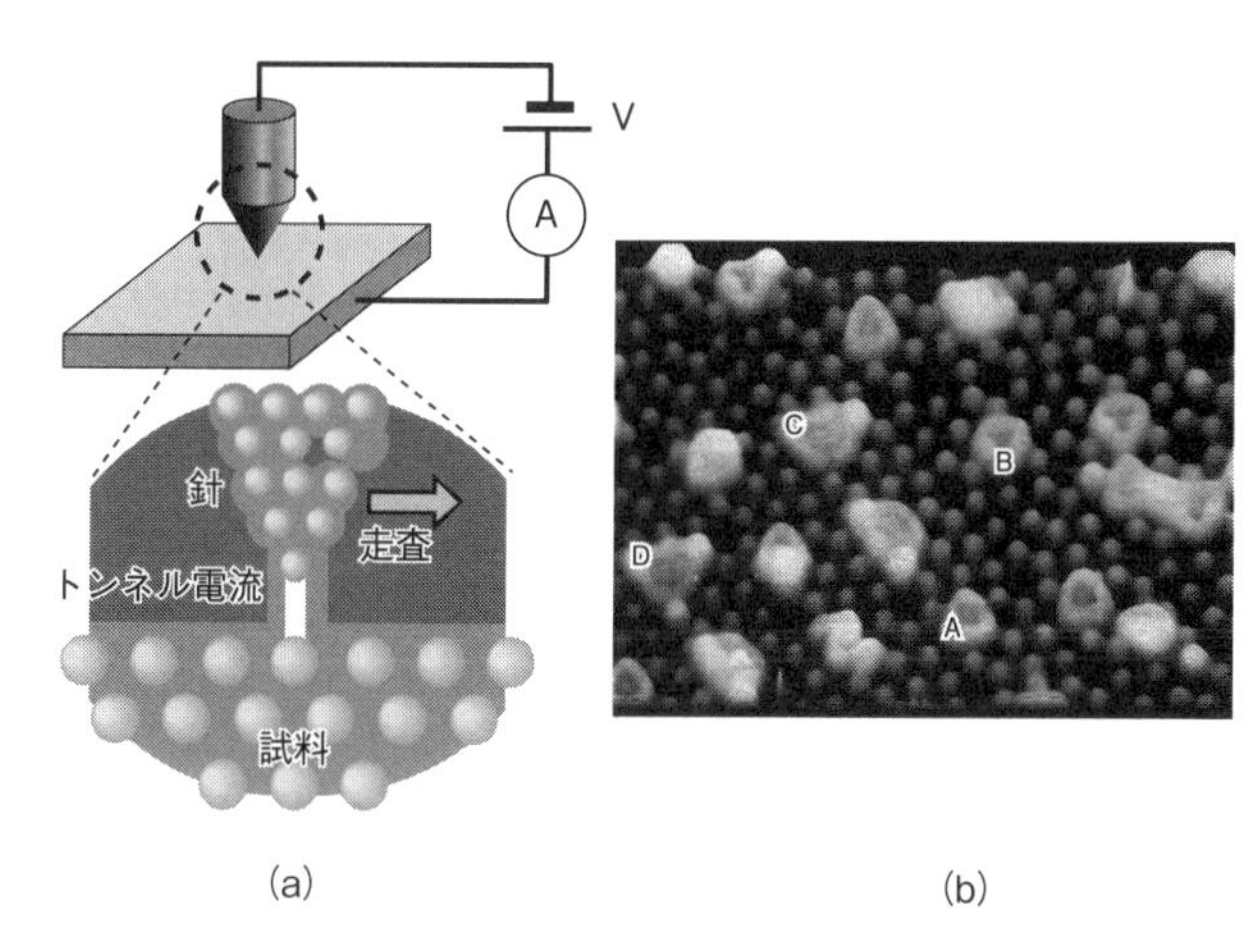

図3.2 (a) 走査トンネル顕微鏡の原理図、および (b) 顕微鏡画像の例 (St. Tosch and H. Neddermeyer, *Physical Review Letters* 61, 349 (1988) より転載)。鋭く尖らせた針を試料表面から1 nm程度の上空を横方向に走査しながらトンネル電流を測定し、各点での電流値をモニター上の対応する画素の明るさに変換して表示する。

に滲み込みます。その状態で針と試料結晶の間に1ボルト程度の電圧をかけるとトンネル電流が流れます(図3・2(a))。そして、針を試料表面にぶつけないように横方向に動かしながら各地点でトンネル電流を測り、モニター上の各画素の明るさをトンネル電流の値に比例させて表示させると、試料表面の凸凹が電流値の変化として原子1個1個レベルの精度で観察できるのです。

図3・2(b)の明るい箇所が、トンネル電流がたくさん流れたところ、つまり凸になっている場所を意味し、逆に暗い部分が、トンネル電流があまり流れなかったところ、つまり凹んでいる箇所を表します。球形の明るい玉のように見え

るのが原子1個1個で、まるでパチンコ玉のように観察されています。このような顕微鏡を作ったのが、スイス・チューリッヒにあるIBM研究所に所属していたゲルド・ビニッヒとハインリッヒ・ローラーです。この顕微鏡は、「**走査トンネル顕微鏡**」と呼ばれ、レンズを使わずに尖った金属の針だけで物質の表面にある原子や分子1個1個を直接観察できる顕微鏡となり、2人には1986年のノーベル物理学賞が授与されました。

ギリシャ時代から考えられてきた原子が、20世紀後半になってやっと画像として直接見えるようになったわけです。その意味で、この顕微鏡は大きなインパクトを与えたのです。それゆえ、ノーベル賞後の数年間、ビニッヒとローラーが作った顕微鏡の第1号機が、人類が初めて原子を見た顕微鏡として大英博物館に展示されていたそうです。トンネル効果が顕微鏡に利用されるとは、1973年のトンネル効果のノーベル賞のとき、誰が予想したでしょうか。

原子だけでなく電子雲も観える

図3・2(b)の走査トンネル顕微鏡写真を見ると、結晶表面に並んでいる原子1個1個が球形のように観察されていますが、その他に、縁日の夜店で買う「綿あめ」のようにふんわりと見えるやや大きな塊が見えます。それは、金属原子(この試料では銀原子)が数個集まってできた「島」です。その島のなかを動き回っている電子が雲のように見えているのです。

話を球形に見える個々の原子に戻しますと、この形が原子の本当の形を表しているのかどうかという疑問が出てきます。なぜなら、この顕微鏡像は、前述のようにトンネル電流の大小を濃淡画像に変換して描いた像ですが、その観測方法が正しく原子の形を描き出す方法なのかと疑問に思うのはある意味当然です。また、1・4節で述べたように、そもそも原子とは、非常に小さな原子核をふんわりと電子の波が取り巻いたものというイメージでした。隣の原子と化学結合を作ると、原子の最も外側の電子波が隣の原子にまで拡がるということでした。ですので、必ずしも原子は球形ではないのではないかとも思えます。そうすると、トンネル電流の大小で観た原子の形は、本当の原子の形と言っていいのかわからなくなってきます。

モノの形や色は、実はある意味「虚構」です。見る手段や画像を作る信号の種類によって違った形にも見えるし違った色にも見えます。赤いリンゴを、赤の補色である緑色の光のもとで見ると黒く見えます。私たちの目に見えるモノは、可視光がモノから反射されて見えるわけですし、走査トンネル顕微鏡はトンネル電流で見ているので、おのずとモノの違った「側面」、光の反射率とか電子の濃度とかを見ていることになります。ですので、モノの本当の形はなにか、という議論はあまり意味をもちません。人間を見るときにも、まじめな人かと思ったら案外ひょうきんな一面を発見することもあり、見る場面と与える刺激によって違った側面が出てきます。物理の世界でも観察する方法によって同じモノでも違って見えるもので、どの姿が本物かといった議論は重要ではありません。

走査トンネル顕微鏡は、現在では、ナノサイエンス・ナノテクノロジーの研究分野では必須の実験装置となり、世界中で広く使われています。今では、1個1個の原子や分子を観るだけでなく、走査トンネル顕微鏡の針を使って、個々の原子や分子を思いのままに動かしたり並べたりできるようになりました。原子レベルの人工構造物を作れるようになったわけで、それを利用すれば、人間の脳よりさらに高密度で高性能なメモリやコンピュータができるかもしれません。

3・3 量子物理学の不思議―スピン―

今まで述べてきた、電流とかポテンシャル障壁といった現象は、電子がもつ「電荷」の性質に基づいています。電子はすべて、決まった値の負の電荷（電気素量）をもっていますので、正イオンや正電荷をもつ原子核には引き付けられますが、負イオンや他の電子からは反発されます。また、電子軌道のエネルギーや化学結合、トンネル効果などは、電子がもつ「波動性」の性質に起因していました。電子の波が定在波になったり重なったり滲み出したりして、さまざまな現象を引き起こしたわけです。

しかし実は、電子がもつ電荷や波動性、そしてもちろん粒としての性質、粒子性だけでなく、電子は磁石としての性質ももっています。それは「**スピン**」と呼ばれる性質で、これが磁石のもとになっています。このスピンもまた、古典物理学では説明できない、量子物理学に特有の性質なのです。厳密には正確でないのですが、電子の「自転」とか「極微の磁石」といったアナロジーで、ある程度「スピン」のイメージはつかめます。

スピンはめぐる

電子を粒子と考えたとき、スピンを理解するには、電子が「自転」していると考えるといいでしょう。回転している(スピンしている)フィギュアスケートの選手や独楽(こま)をイメージしてください。回転には、右回り回転と左回り回転がありますので、電子のスピンにも2種類あります。これを便宜上、「上向きスピン」と「下向きスピン」と呼んでいます。木(もく)ネジを思い出すと、木ネジはドライバーで右回りに回すと前に進みますので、これを「上向きスピン」と考え、逆に、木ネジを左回りに回したときには後退しますので、これを「下向きスピン」と呼びます。回転の向きをスピンの「向き」に言い換えているだけです(図3・3)。

実は、電子のスピンを「自転」で説明するのは正確とは言えません。なぜなら、今のところ電

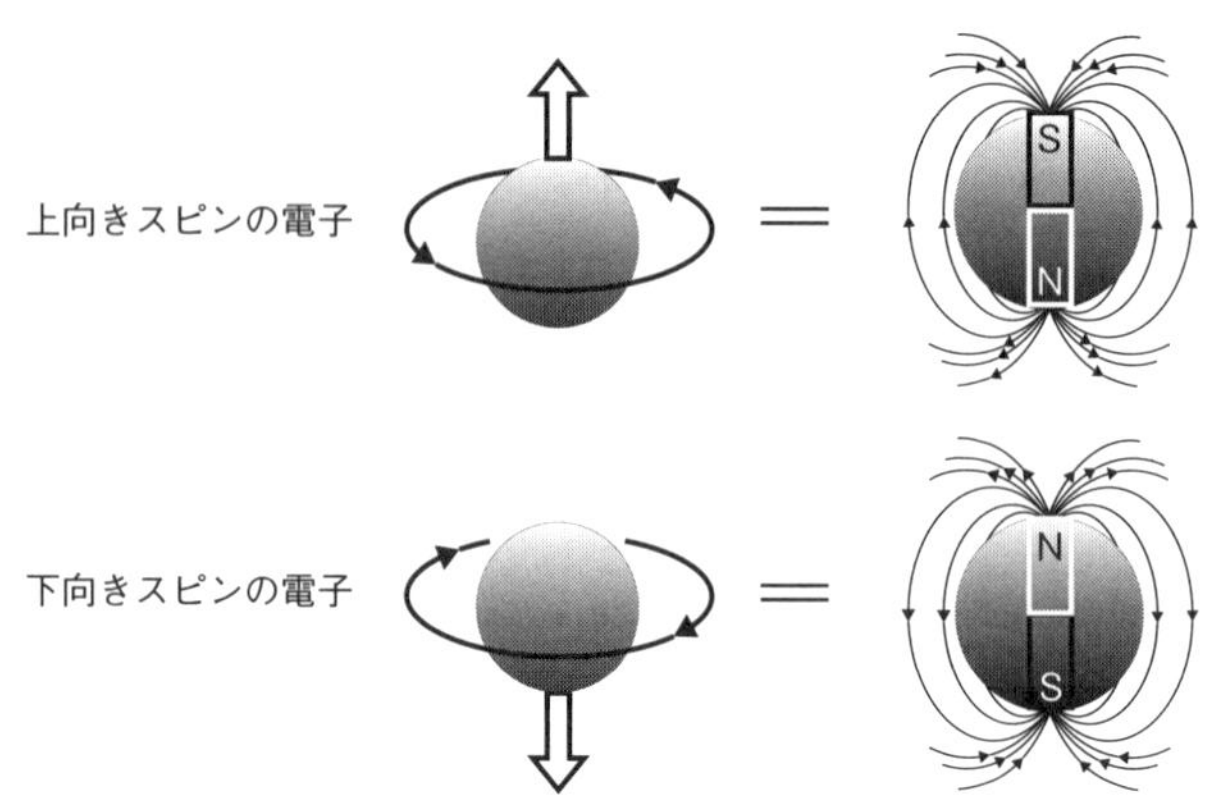

図3.3　電子のスピン。上向きスピンをもつ電子と下向きスピンをもつ電子。

子は大きさのない「点」と考えられていますので、大きさのない「点」が自転するなど意味がないからです。しかし、スピンは、「回転の勢い」を表す「角運動量」という量と同じなので、直感的イメージとしては「自転」とでも考えないと、全くイメージがつかめませんので、自転で説明されることが多いのです。

いずれにしても、このスピンの性質が磁石のもとになります。図3・3に示すように、上向きスピンの電子1個は、S極が上でN極が下になっている極微の磁石1個とみなせます。下向きスピンの電子は、逆にS極が下でN極が上になっている極微磁石なのです。

余談ですが、地球は北極がS（South）極、南極がN（North）極の大きな磁石になっています。方位磁針のN極が北を指すので、地球の北極がN極だと誤解されることが多いと思いますが、方位磁針のN極を引き付けるのはS極なので、地球の北極がS極になっています。地球は自転していますので、ちょうど図3・3に描いた上向きスピンの電子と同じような状況になっています。

電子はすべて、一定の負の電荷をもっていますが、実はこのように、上向きスピンの電子と下向きスピンの電子の2種類があります。しかも、スピンの向きはコロコロ反転するので、上向きスピンの電子と下向きスピンの電子が必ずしも同じ数だけ物質のなかに存在しているわけではありません。また、紙面を上下逆さまにするとわかりますが、上向きスピンと下向きスピンが逆転します。つまり、上向きとか下向きとかの区別は重要ではなく、重要なのは、電子には2種類のスピンがあるということです。

ここまでくると、電子という身近な存在が何か神秘的なものに思えてきます。金属のなかにたくさんいる電子、それが流れて電流になるので、何も不思議じゃないと感じていたのに、波としての性質をもつし、さらに「自転」までしていて、小さな磁石になっているというのですから、もはやイメージできない神秘的な対象に思えてきます。しかし、これらの性質は、量子物理学が解き明かした事実なのです。ですので、あとで述べますが、電流が流れていると、負の電荷が流れているだけでなく、同時に、このスピンも、つまり小さな磁石も流れているとみなせます。電子のスピンが上向きで流れているのか、下向きで流れているのか区別することができます。

シュテルン＝ゲルラッハの実験―スピンを検出―

電子が上向き磁石か下向き磁石としての性質をもっていることは、1922年にドイツ人のオットー・シュテルンとヴァルター・ゲルラッハが行った、いわゆる「**シュテルン＝ゲルラッハの実験**」から認識されるようになりました。彼らは、まず図3・4に示すような不均一な磁場を用意しました。上側のN極の磁極を凸状に尖らせ、下側のS極の磁極を凹面状にします。そうすると、尖った磁極付近では磁力線が集中し、強い磁場になりますが、凹面状の磁極付近では磁力線がばらけて弱い磁場となります。そのN極とS極の間に、横から銀原子のビームを通しました。そうすると、不思議なことに、銀原子ビームは上向きに進路が曲げられるものと下向きに進路が曲げられるものの2つに分離し、スクリーン上に銀原子が付着した跡が2ヵ所見られたのです。銀原子は中性で、負電荷も正電荷ももっていないので、(あとで図3・12に示すローレンツ力がはたらかないので）進路が曲げられることはないはずです。

この実験結果は、銀原子の価電子のスピンが上向きか下向きかによって、銀原子ビームがそれぞれ上向きの力か下向きの力を受けて、その結果、進路が曲げられたと解釈されます。つまり、価電子のスピンが上向きとすると、電子スピンのS極が上にあるので、設置した磁石の上側のN

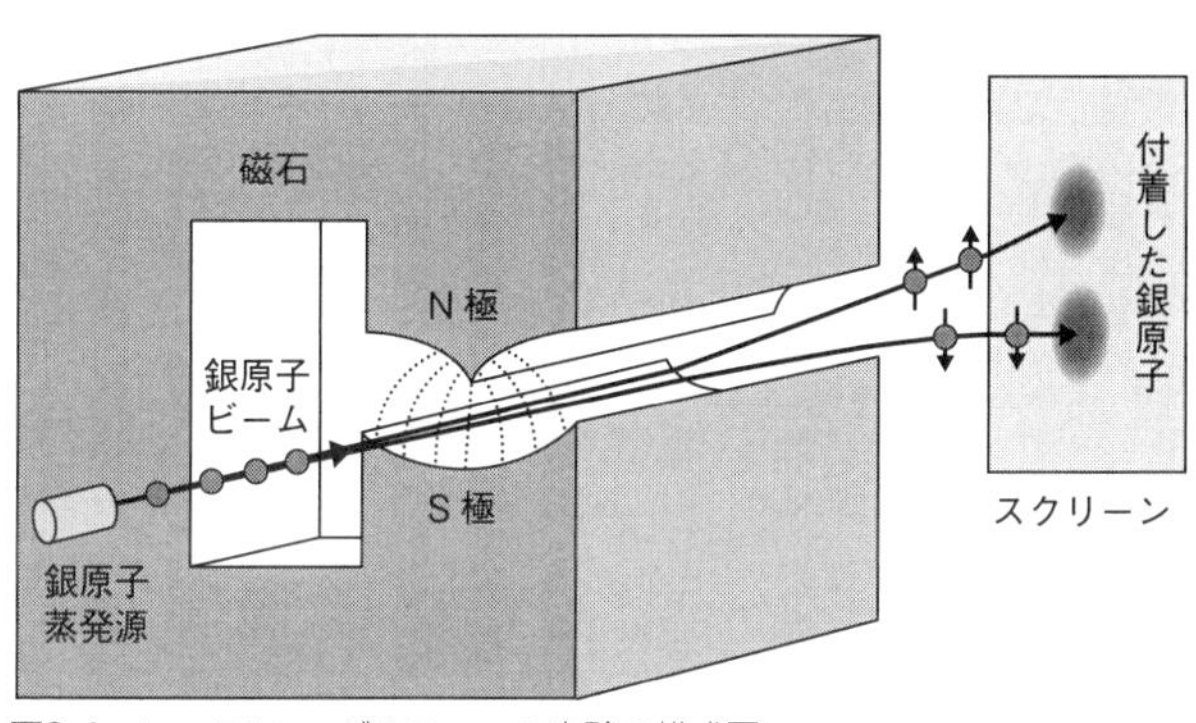

図3.4 シュテルン=ゲルラッハの実験の模式図。

極から強い引力を受けて、ビームの進路が上に曲げられます。逆に価電子のスピンが下向きの場合には、電子スピンのＮ極が上にあるので、設置した磁石の上側のＮ極から強い反発力を受けて、その結果、ビームの進路が下に曲げられます。磁石の凹面状になっている下側磁極からの力は弱いので、おもに磁石の上側磁極からの力が強くはたらくのです。

このように、電子のスピンは、上向きか下向きかの２種類しかなく、その間の中途半端な向きのスピンはないということを見事に示した実験でした。電子が古典的な磁石であるなら、いろいろな方向を向いてもいいはずですが、電子のスピンによる「極微の磁石」は勝手な方向には向けないのです。これが量子物理学でいう「量子化」の一つで、スピンはいくつかの決まった方向にしか向けないという現象です。電子のスピンの場合、２つの方向、つまり上か下にしか向けないのです（あるいは右向きか左向きでもかまいません)。

第2次世界大戦中の1943年に、シュテルンだけがノーベル物理学賞を受賞しています。その受賞理由ではシュテルン゠ゲルラッハの実験には全く触れられていませんでした。その当時、シュテルンはドイツから逃れ、アメリカに移り住んでいましたが、ゲルラッハはドイツにとどまり、ナチ・ドイツのための研究、とくに秘密裏に原爆の開発研究にたずさわっていたことがノーベル賞を受賞しなかった原因だと言われています。しかし、シュテルン゠ゲルラッハの実験は、電子のスピンが上向きと下向きの2種類しかないこと、つまり方向が量子化されていることを示した決定的な実験であり、(相対論的)量子物理学の建設に大きく貢献したことには間違いありません。

強磁性体、常磁性体、反強磁性体―スピンが磁石のもと―

鉄やニッケルのように磁石になる物質を「**強磁性体**」といい、アルミニウムや銅のように磁石にならない物質を「**常磁性体**」あるいは非磁性体と呼びます。簡単に言うと、強磁性体を構成している原子のなかの電子のスピンは、たとえば上向きスピンが圧倒的に多いので、同じ向きに揃った小さい磁石が多数並んだ状態になっています(図3・5(a))。ですので、物質全体としては、それらが全部足し合わされて、物質の一方の端がN極になり、その反対側がS極になるので

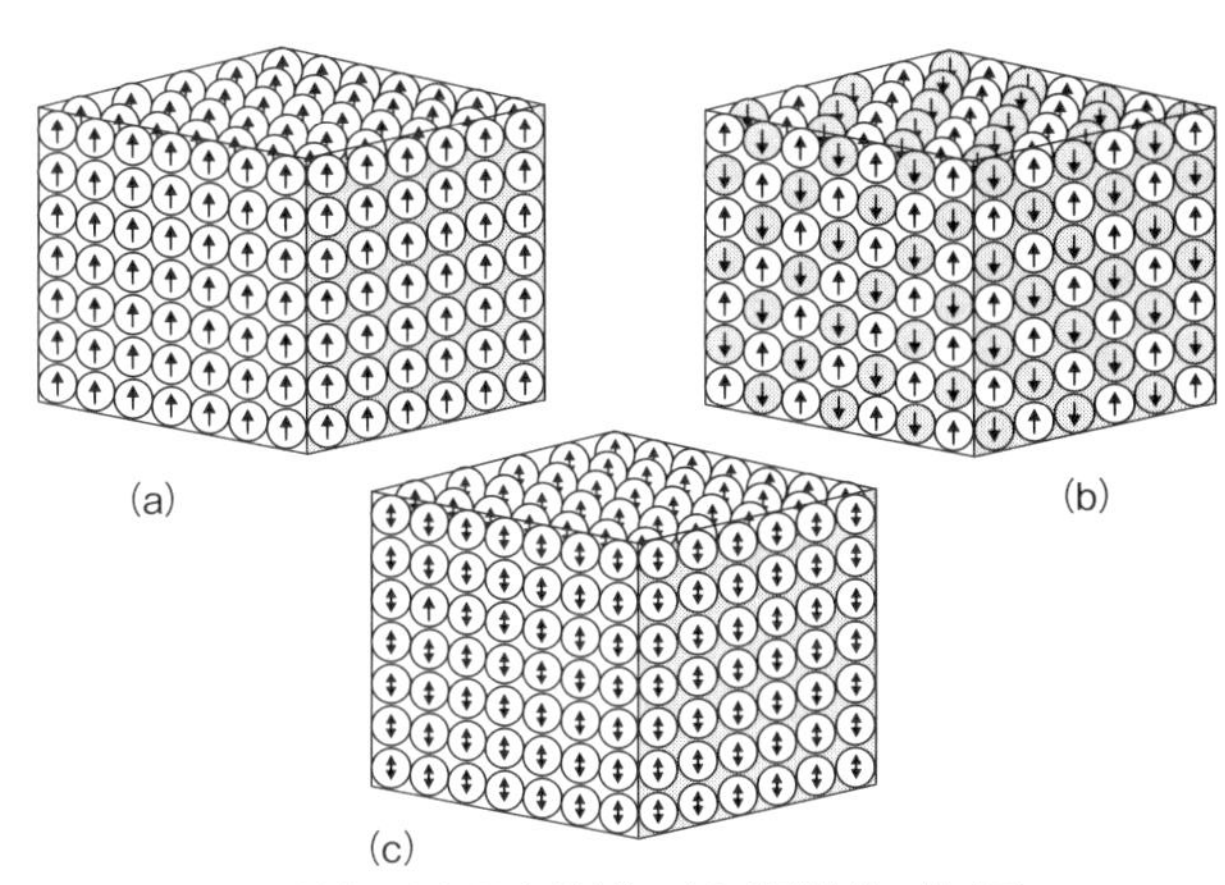

図3.5 (a) 強磁性体、(b) 反強磁性体、(c) 常磁性体の模式図。

す。これが強磁性体、つまり磁石です。

一方、常磁性体を構成する原子のなかの電子スピンは、上を向いたり下を向いたり、フラフラと常に反転している(揺らいでいる)状態なのです(図3・5(c))。それぞれの電子のスピンの向きは絶え間なく反転していますので、全体で平均すると上向きスピンと下向きスピンの数が同じになり、極微の磁石がお互いに打ち消し合い、その結果、物質全体として磁石の性質が表に現れてきません。これが常磁性体です。

実は、強磁性体でも温度を上げると、熱エネルギーのために、一方向を向いて固定されていたそれぞれのスピンがフラフラと反転し始め、十分高温にすると、個々の電子のスピンが絶えず激しく反転するようになるので磁石としての性質が消えてしまい、常磁性体になってしまいます。この強磁性体が常磁性体に転移する温度を「**キュリー温度**」といいます。逆に、キュリー温度以上の状態からキュリー温度以下に冷やすと、また、スピンが一方向を向いて固定されて強磁性体に戻ります。

ちなみに、このキュリー温度はキュリー夫妻の夫ピエール・キュリーに由来しています。妻とともに放射性元素の研究で1903年のノーベル物理学賞を受賞していますが、彼は結晶や磁性の研究でも多くの業績を残しました。

物質のなかには「**反強磁性体**」と呼ばれる物質もあります。そこでは、強磁性体のように、各原子の価電子のスピンは固定されて一定の向きを向いているのですが、隣り合う原子を見比べると、電子スピンが互いに上向きと下向きと互い違いになって固定されている物質です（図3・5（b））。常磁性体のようにそれぞれのスピンの向きがフラフラと反転はしませんが、反強磁性体でも上向きスピンと下向きスピンが同じ数だけあるので、隣り合うスピンがお互いに打ち消し合ってしまい、物質全体としては磁石の性質が表には出てきません。しかし、スピンがきちんと交互に反対向きに整列しているので、常磁性体とは違います。強磁性体や反強磁性体では「**磁気秩序**」があるといい、常磁性体では磁気秩序がないといいます。

隣り合うスピンが同じ方向を向いて強磁性体になるのか、あるいは互いに反対に向いて反強磁性体になるのかは、隣り合うスピンどうしの力の及ぼし合い（相互作用）で決まります。たとえば棒磁石を2本、同じ向きに横に平行に揃えて並べようとすると、お互いに反発して安定に並びません（図３・６（ａ））。しかし、同じ棒磁石を２本、同じ向きに縦に並べると、お互いにくっついて安定に並びます（図３・６（ｂ））。これと同じように、隣り合うスピンどうしが及ぼし合う力は周りのスピンの配列のしかたや距離によって違います。１９７０年のノーベル物理学賞は、反強磁性体などを発見し、物質の磁性のさまざまな性質を解明した業績で、フランスのルイ・ネールに贈られています。

電子と電子の間の力の及ぼし合いは、負電荷どうしなので単純に反発するだけだと思うかもしれませんが、スピンという磁石の性質を考えると力の及ぼし合いは単純ではなくなります。ましてや、結晶を形作る原子（正イオン）の格子のなかを電子が動いていることまで考えると、力の及ぼし合いは非常に複雑になることが想像できるでしょう。モノの性質は、このような多数の要素が絡み合っていますのでわかりにくいのですが、そこがまた面白いところでもあります。

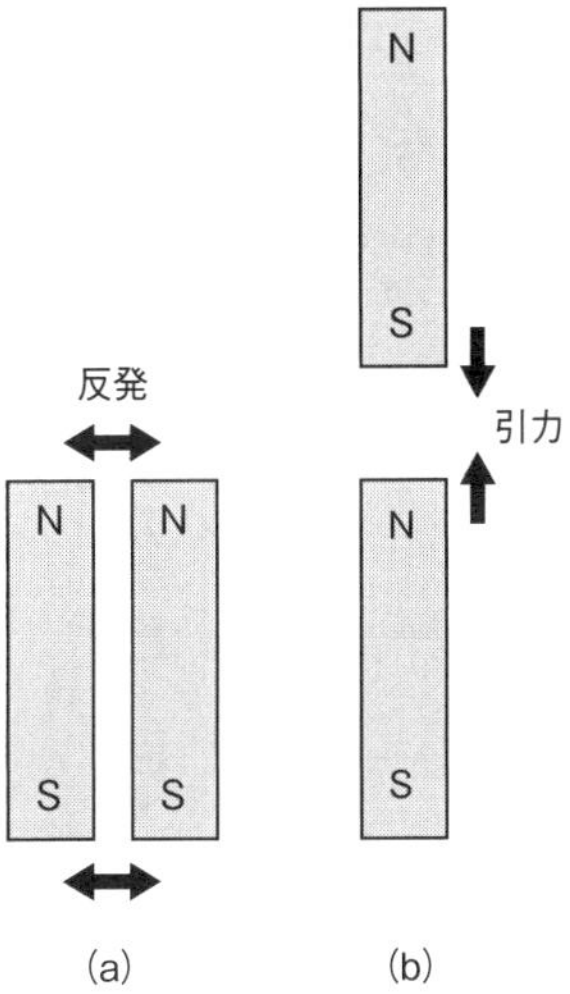

図3.6　棒磁石を2本同じ向きに、(a) 横に並べるとお互いに反発して不安定だが、(b) 縦に並べると引き付け合って安定になる。

スピンとトンネル効果が絡み合うと面白い現象が出現し、その結果、別のノーベル賞が生まれました。

3・4　スピンの応用—巨大磁気抵抗効果とスピン流—

磁石でのトンネル効果

薄い絶縁体をはさんで両側に磁石となる強磁性体の金属を2つ接合します。たとえば、絶縁体として酸化マグネシウム（MgO）、その両側に強磁性金属として鉄の結晶を接合したサンドイッチ構造を作ります（図3・7）。

最初に、両側の強磁性体が磁石として同じ向きになっている場合を考えます（図3・7（a））。つまり、両者のなかのほとんどの電子がたとえば上向きスピンをもっているとします。そのとき、3・1節で述べたように、一方の強磁性金属の電子の波が滲み出して薄い絶縁体膜を通り抜け、他方の強磁性金属のなかにまで滲み込み、トンネル効果が起こります。その結果、両者に電圧をかければ、トンネル電流が流れます。両側の金属でのスピンの向きが同じなので、電流は

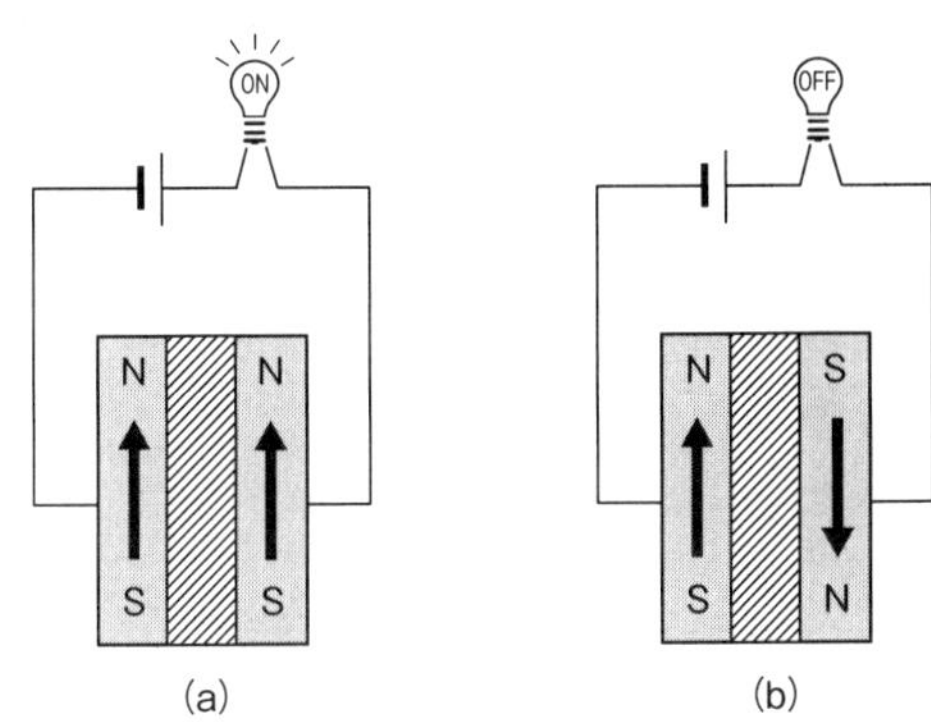

図3.7　巨大磁気抵抗効果の模式図。絶縁体または常磁性金属をはさんで両側につけた強磁性体の磁化の向きが、(a) 同じ場合には電流が流れやすい（抵抗が低い）が、(b) 反対向きの場合には電流が流れにくい（抵抗が高い）。

「すんなり」流れます。つまり電気抵抗が低いのです。

ところが、両側の強磁性金属のスピンの向きが逆向きの場合はちょっと違います（図３・７（ｂ））。トンネル効果が起こるのは同じなのですが、電流が「すんなり」流れません。たとえば、左側の強磁性金属の電子スピンが上向きで、右側のそれが下向きの場合、左側の金属から電子がトンネルして右側の金属に移ろうとしても、右側の金属では多数の下向きスピンの電子が安定に存在しているので、上向きスピンの電子は「入りづらい」のです。

人間もそうですが、自分たちと同じような人は仲間としてすぐに受け入れやすいけれど、自分と違うタイプの人はなんとなく受け入れにくいものです。同じように、スピンの場合でも、スピンの向きが同じ電子は受け入れやすく、反対向きのスピンの電子は受け入れにくいのです。もっと正確に言うと、上向きスピンの「座席数」と下向きスピンの「座席数」が、強磁性体のなかでは違うので、下向きスピン電子が多数派を占める強磁性体のなかに上向きスピン電子が入ろうとしても、上向きスピン用の座席数がほとんどないので、入りにくいのです。ですので、スピンの向きが逆向きの場合、トンネルする電流が流れにくくなり、その結果、電気抵抗が高くなります。

逆に言えば、絶縁体膜をはさんで両側の強磁性金属のスピンの向きが同じ向きなのか反対向きなのかを、電気抵抗を測定することで判別することができます。この「**巨大磁気抵抗効果**」と呼ばれる現象をほぼ同時に独立に発見した2人の研究者アルベール・フェール（フランス）とペーター・グリュンベルグ（ドイツ）が2007年のノーベル物理学賞を受賞しています。彼らの実験では、真ん中にはさみ込んだ物質は絶縁体ではなく銅などの常磁性の金属膜だったのですが、そのあと、絶縁体にするとさらにこの効果が顕著になることがわかりました。

磁気記録を飛躍させる

この現象がなぜノーベル賞になるほど重要なのでしょうか。

実は、この現象を利用すると、コンピュータのなかの磁気ディスクに書き込まれた情報を感度よく読み出すことができ、しかも、その高感度のおかげで、磁気ディスクに記録する情報量を飛

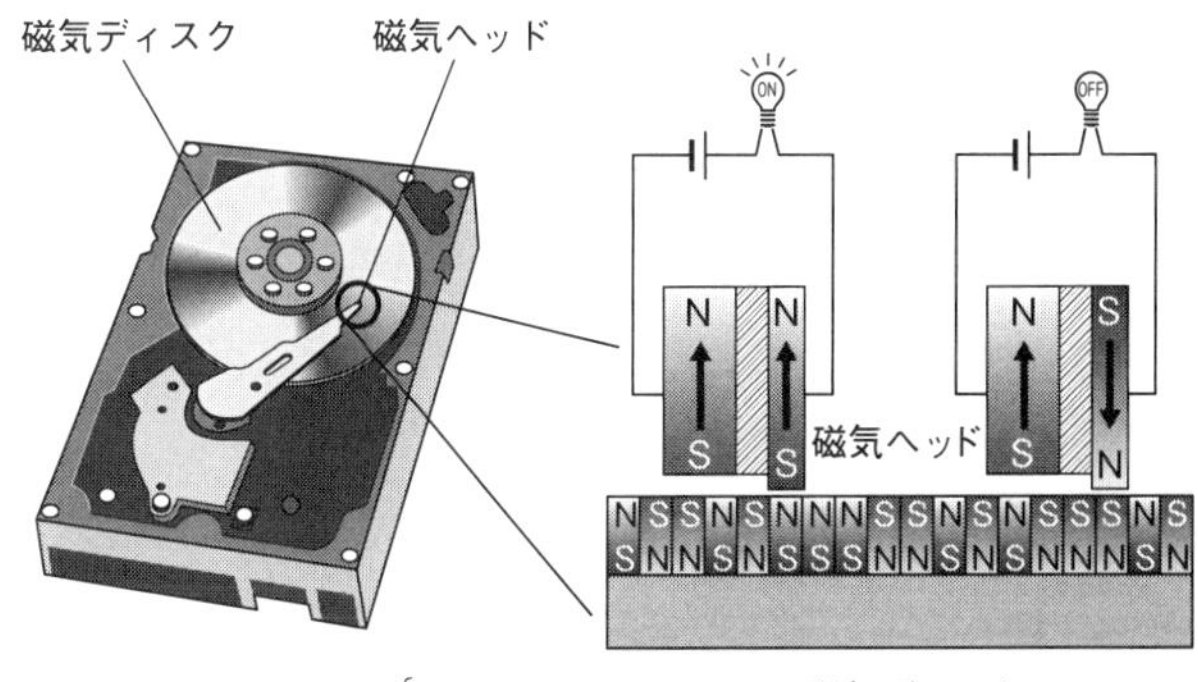

図3.8　磁気記録装置。磁気ディスクには、垂直に磁化した磁区をビットとして情報が記録されている。それを読み出す磁気ヘッドには、記録磁化の向きによって磁化が反転する巨大磁気抵抗効果ヘッドが使われる。2007年のノーベル物理学賞受賞者のフェールとグリュンベルグは、2つの強磁性体の間に薄い常磁性金属をはさみ込んだが（巨大磁気抵抗効果）、そのあと、薄い絶縁体をはさみ込んだほうが磁気ヘッドとしての性能が上がることを宮崎照宣らが示して現在実用化されている（トンネル磁気抵抗効果）。

躍的に増やすことができたのです。

　前にも述べましたが、コンピュータのなかでは「0」と「1」だけを使った二進数で計算したり、その結果を記憶したりしています。計算するときには電圧がゼロの状態を「0」、電圧が数ボルトの状態を「1」として計算することは2・4節で紹介しました。計算した結果を記録するには磁石を使います。磁石は電源を切っても「消えない」ので、記録が残ります。それが磁気ディスクです（図3・8）。そこには、非常に小さな磁石が多数作り込まれてビッシリと並べられていて、それぞれ磁石1個が1ビットの情報となっています。たとえば、その小さな磁石のN極が上を向いているビットを「0」、S極が上を向いているビットを「1」として情報が記録されています。ですので、それを読み出すには、磁気ヘッドという小さな磁気センサーを近づけて、どっちの極が磁気ディスクの上に出ているのかを1ビットずつ検出して区別する必要があります。

その磁気ヘッドの先端が、上述の「強磁性体／絶縁体／強磁性体」のサンドイッチ構造になっています。その磁気ヘッドをハードディスク表面ギリギリに近づけます。そうすると、そのサンドイッチ構造の一方の強磁性体の磁石の向きが、磁気ディスクの1ビットごとの磁石の向きに応じて容易に反転します。つまり、磁気ディスクの表面にN極が出ていたら、磁気ヘッドの強磁性体のうち磁気ディスク表面に近い極がS極になり、その逆なら逆の磁極に反転します。それに対して、サンドイッチ構造の他方の強磁性金属のほうは磁気ディスクから離れているので、磁石の向きは反転せず固定されたままです。ですので、サンドイッチ構造の一方の強磁性体の磁石の向きがどっち向きなのか知るには、サンドイッチ構造にトンネル電流を流して電気抵抗を測ればいいわけです。それによって、磁気ディスクに書き込まれた1ビットの磁石の向きがわかって、その結果、各ビットが「0」なのか「1」なのか読み出せることになります。

磁気ディスクの1ビットの幅が、今や数十ナノメートルまで小さくなり、そのために1ビットの磁石の強さが非常に微弱になっています。その小さくて弱い磁石1個1個の向きを読み出すことが可能になったのは、この巨大磁気抵抗効果を利用した磁気ヘッドのお陰なのです。それによって、パソコンのハードディスク容量が急激に増大しました。

しかし、この巨大磁気抵抗効果は、磁気ディスクだけでなく、MRAM（磁気抵抗メモリ）という磁石を使ったメモリにも応用されています。それは電源を切っても記憶を失わない不揮発性メモリです。今日のモバイル情報化時代を支えている現象なのです。そのためにノーベル賞になったわけです。

ノーベル賞というと、自然の奥深い摂理を解き明かす重要な発見をした研究者に贈られると思うでしょうが、それだけでなく、私たちの生活を一変するような役に立つものを発明した研究者、あるいはその発明のもとになった現象や法則を発見した研究者にも贈られています。2007年のノーベル物理学賞は後者の例と言えるでしょう。

スピン流—電流がゼロなので「超」省エネ—

最近の研究では、上述のような磁気ディスクや磁気抵抗メモリだけでなく、電子のスピンをもっと違った形で活用するアイディアが注目されています。つまり、電子が流れることで電荷の流れ、つまり、電流が生じるわけですが、それと同時に、スピンの流れにもなっているわけです。この「**スピン流**」を利用して、電気回路ならぬ「スピン流回路」を作ろうとするアイディアが出てきました。

スピン流は、実は電圧をかけなくても流せるので、電子が加速されずにスピン流を作り出せます。そうすると、電子が加速されないので、2・5節の超伝導で述べたようにジュール熱が発生しません。つまり、熱くならないパソコン、究極の省エネ製品ができるかもしれないのです。

電圧をかけずに電子を流すには、電子の濃度（数密度）の違いを利用します。つまり、電子の濃度が濃いところと薄いところがあれば、電子は自動的に濃度の濃い場所から薄い場所に流れます。水のなかに絵の具を1滴垂らした状態を想像してみてください。絵の具の色が次第に拡がっていきますが、これは、絵の具の粒子の濃度の濃い場所から、その周辺の絵の具の粒子がほとんどない場所に向かって、絵の具の粒子が「拡散」していくためです。ホースのような細い通路に入れた水の場合では、その一端に絵の具を垂らすと、他端に向かって絵の具の色がしだいに拡がっていくのが想像できるでしょう。

この拡散現象は、ミクロに見ると、絵の具の一つ一つの粒子がいろいろな方向にランダムに動き回っているのですが、濃度の濃い場所から薄い場所に動く粒子の数のほうが、その逆向きで動く粒子の数より多いので、全体として濃度の濃い場所から薄い場所に向かって絵の具粒子が流れていくのです。

電子の場合も同じです。前に述べたように、金属のなかでは自由電子がたくさんいると説明しましたが、実は電圧をかけなくても、自由電子は非常に速いスピード（**フェルミ速度**といいます。

4・1節参照）で物質内を動き回って右往左往しているのです。ただ、その運動の向きがバラバラなので、全体として電流は流れていません。しかし、金属の両端に電圧をかけると、そのバラバラな動きの速度のうち、電圧方向の速度成分がわずかに増えるので、全体として正電極に向かって電子が移動することになります（その速度を**ドリフト速度**といいます）。これが電流として観測されるのです。実は、ドリフト速度はフェルミ速度よりずっと小さく、たとえば普通の銅の導線では、フェルミ速度は秒速1000km程度に達するのに対し、ドリフト速度はわずか秒速1mm程度でしかありません。電圧によって個々の電子が加速されては非弾性散乱でエネルギーを失ってジュール熱を発生する、という過程を何回も何回も繰り返しながら電子が正電極に向かって流れていくことは2・5節で述べたとおりです。そのような散乱を起こしながら正電極に向かっていくので、ドリフト速度は遅いのです。

しかし、電圧をかけないときに、電子がフェルミ速度という速い速度で動き回っているのにジュール熱が発生しないのは、電子が非弾性散乱を起こしてエネルギーを失うことができないためです。電圧をかけないなら、電子は加速されないので運動エネルギーは増加せず、そのために非弾性散乱によってエネルギーを失うことができないのです。つまり、非弾性散乱は起こらず、弾性散乱だけが起こるのです。もっと正確に言うと、その電子より低いエネルギーの状態はすべて他の電子によって占有されていて空席がないので、フェルミ速度で動き回っている電子は、非弾性散乱を起こしてエネルギーを下げることができないのです。

ですので、電圧をかけずに、濃度の違いを利用して、ランダムに動き回っている電子を一定方向に流すことができれば、ジュール熱は発生しません。

反対向きスピンの電子を反対向きに流す

電子の濃度の違いを作るために利用するのが電子のスピンです。

強磁性体と常磁性体を接触させた状況を考えてみましょう。前にも述べたように、強磁性体には、「上向きスピン」の電子が圧倒的に多く、たとえば80％入っていて、「下向きスピン」の電子は20％しか存在しないという状況です。一方、常磁性体では、「上向きスピン」と「下向きスピン」の電子が50％ずつ同数入っているといえます。

そこで、両者を接触させて電流を流すと、その界面では何が起こるのでしょうか。

図3・9のように、常磁性体から強磁性体に電子を流し込むと、強磁性体では上向きスピン電子用の「座席」(状態密度といいます)がたくさんあるのに対して下向きスピン電子用の座席は少ないので、上向きスピン電子はどんどん流れ込みますが、下向きスピン電子は強磁性体に流れ込みにくいことになります。

そうすると、常磁性体側の界面付近には下向きスピン電子が「吹き溜まって」濃度が高くな

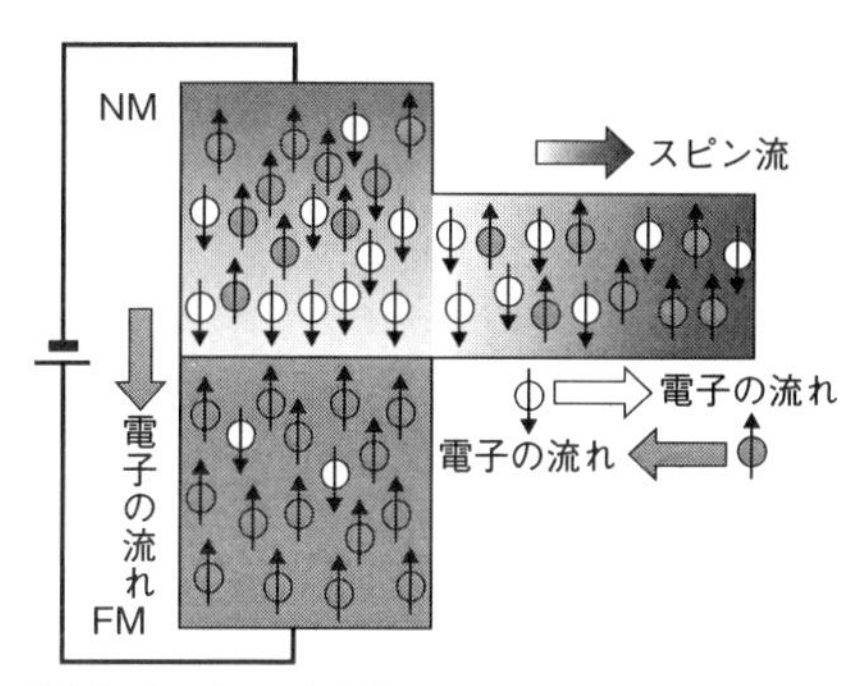

図3.9 常磁性体（NM）と強磁性体（FM）を接続させて電流を流すと、その界面付近に下向きスピン電子が蓄積されて濃度が上がる。その下向きスピンの電子は右に拡散していくが、その流れと同じ量の上向きスピンの電子が右から左に拡散してきて、横向きの電流は相殺される。しかし、全体として、下向きスピンのスピン流が右に向かって流れる。

り、上向きスピン電子は濃度が薄くなります。このとき、常磁性体が図のように横方向に伸びていれば、各スピンの電子の濃度の違いによって電子の拡散が横方向に起こるはずです。つまり、下向きスピン電子は、濃度の濃い場所から薄い場所に右に向かって横方向に拡散していきます。このとき、実は上向きスピンの電子が、逆に左に向かって横方向に拡散してきます。

なぜなら、横方向には電圧をかけていないので、全体として横方向に流れる電流はゼロになっているはずです。つまり、右に向かって拡散する下向きスピンの電子の数と左に向かって拡散する上向きスピンの電子数は同じになっており、横方向の電荷の流れとしては全体でゼロになっています。そのため、横方向の電子の動きによるジュール熱の発生もありません。

この流れは、スピンの流れだけで電荷の流れを伴わない「**純スピン流**」と呼ばれます。この純スピン流に信号を載せれば、ジュール熱の発生なしで計算や信号伝達をすることができるはずです。

このようなアイディアを利用した電子デバイスを作ろうとする研究分野が「**スピントロニクス**」という分野であり、省エネ研究の花形として今、世界中で盛んに研究されています。純スピン流を使えばエネルギー消費ゼロの夢のようなデバイスができるかもしれません。それが実現すれば、パソコンやスマートフォンは熱くなることもないし、バッテリーの保持時間が劇的に伸びるかもしれません。もちろん、新たにノーベル賞も出ることでしょう。実は、この純スピン流を作り出すのに好都合な物質の一つが本書の主題であるトポロジカル物質なのです。

—3・5— 低次元物質

1原子層の物質グラフェン

2010年のノーベル物理学賞は、「2次元物質グラフェンに関する革新的な実験」という業績で、イギリスのアンドレ・ガイムとコンスタンチン・ノボセロフに贈られました。

グラフェンとは、6個の炭素原子がつながって六角形になり、それがたくさん連結して平面状の蜂の巣状の格子になった1原子層だけの結晶シートです（図3・10（c））。1原子層の物質が安定に存在できるということも驚きだったのですが、それが身近な物質「グラファイト」から粘着テープを使って単離されたというので、世界中の研究者がさらに驚いたのでした。グラファイトに粘着テープを張り付けて引き剝がすという作業を何回も繰り返すと最後には1原子層のグラフェン原子層を単離することができるというローテク（ハイテクの反意語）でノーベル賞が取れたわけです。その意外性は、さすが「イグノーベル賞」受賞者のガイム教授だ、と世界中の研究者をうならせるものでした。ちなみに、ガイム教授の2000年イグノーベル賞の受賞業績は、非常に強い磁場のなかにカエルを入れると空中浮遊して脚をばたつかせることを実演したもので、グラフェンとは何の関係もありません。

1原子層のグラフェンが多数枚重なってできた物質がグラファイト（日本語名は黒鉛）です（図3・10（d））。グラファイトは鉛筆やシャープペンシルの芯として使われている身近な物質です。鉛筆で紙に字を書くと、何枚かのグラフェンが剝がれて紙に付着して、それが黒く見えるのです。グラフェンとグラフェンの間の結合（**ファンデルワールス結合**といいます）が弱いので、こするだけで簡単に剝がれて紙に付着し、その分、鉛筆の芯は少しずつ削られていきます。グラファイトは、昔から人間が利用してきた物質ですが、グラフェン1枚だけを粘着テープで引き剝がせる

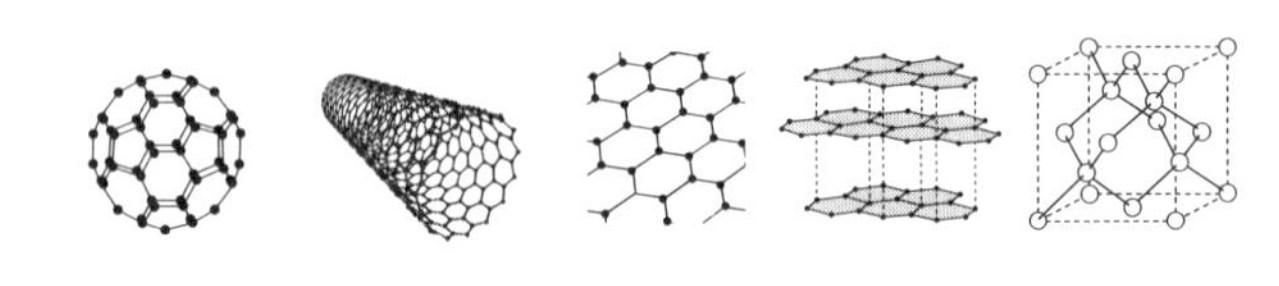

図3.10　さまざまな炭素物質。(a) フラーレン分子は、60個の炭素原子から成る直径1 nm程度の極微の「サッカーボール」。(b) カーボンナノチューブは、グラフェンを丸めたチューブ状の物質。(c) グラフェンは、蜂の巣状に炭素原子がつながった1原子層のシート。(d) グラファイトは、多数枚のグラフェンが積層した物質。(e) ダイヤモンドは全く違った化学結合をもった炭素物質。ダイヤモンド以外の物質は、1個の炭素原子が周囲の3つの炭素原子と結合しているが、ダイヤモンドでは4つの炭素原子と結合している。0次元の炭素物質であるフラーレン分子の発見に対して、ハロルド・クロトー、リチャード・スモーリー、ロバート・カールに1996年のノーベル化学賞が授与され、2次元の炭素物質であるグラフェンに関しては2010年のノーベル物理学賞が授与されているので、1次元の炭素物質であるカーボンナノチューブの発見者である飯島澄男らにもノーベル賞が授与される可能性が高いと言われている。

とは誰も考えていなかったし、その単原子層のグラフェンのなかの電子が驚くべき性質を示すとは誰も予想していませんでした。（誰も予想していなかったというのは実は正確でなく、ガイムらの実験の何年も前に、グラフェンの驚くべき性質を理論的に予想していた日本人研究者がいましたが、その研究は注目されていませんでした。）

炭素は周期表でⅣ族（第14族）に属する元素ですので、前に述べたように、1個のC原子は4個の価電子をもっています。ですので、周囲の4つのC原子と共有結合を作って3次元のダイヤモンド結晶格子になります。それがダイヤモンドです（図3.10（e））。

質量“ゼロ”の電子

しかし、グラフェンでは、C原子は周囲の3つのC原子と共有結合を作って六角形を作り、その六角形が平面状につながった蜂の巣格子（**ハニカム格子**）となっています（図3・10（c））。ですので、1個のC原子につき価電子が1個余っています。その余った電子は「**π電子**（パイ）」と呼ばれ、それが驚きの電気伝導の性質を示すのです。ダイヤモンドは4個の価電子がすべて共有結合に使われているので絶縁体になりますが、グラフェンでは、π電子が自由電子になり電流となって流れます。

実は、このπ電子が普通の電子とは違って、「光のような電子」の性質を示すのです。光は質量がゼロですので、そのアナロジーから、グラフェンのなかの自由電子は「質量ゼロの相対論的な電子」、「質量ゼロの**ディラック電子**」と呼ばれます。

実際の電子は、もちろん決まった値の質量をもちますが、グラフェンのなかの自由電子は、質量がゼロのように振る舞うというのです。それが相対性理論を取り入れた量子物理学の理論、「**ディラック方程式**」で表現できるのです。ですので、同じ電圧をかけても、普通の金属のなかの電子よりはるかに速いスピードで流れるのです。前に述べたように、電子が流れると欠陥や不純物、振動する原子などによって電子が散乱されて運動の向きを変えられたりエネルギーを失ったりします。それが電気抵抗となりますが、グラフェンでは、その散乱が著しく少ないのです。そのうえ、質量ゼロという性質のため、グラフェンのなかでは電子のスピードが速いのです。

グラフェンのなかの電子が、どう「普通でない」のか、少し詳しく説明しましょう。

電子に限らず、自動車でも野球ボールでも、その速度が速くなればなるほど運動エネルギーが大きくなります。正確に言うと、運動エネルギーは、速度の2乗に比例します。つまり、速度が2倍になると運動エネルギーは4（＝2×2）倍になり、速度が3倍になると運動エネルギーは9（＝3×3）倍になります。これが非相対論的な物理学、つまりニュートンの物理学で記述される普通の物体の運動です。

自動車のガソリンの消費量で考えましょう。2倍のスピードで走るには2倍のスピードでエンジンを回す必要がありますので（ここではギアチェンジは考えません）、1秒間に消費するガソリンの量は2倍になります。一方、2倍のスピードで走れば、1秒間に2倍の距離を走りますので、当然ながら2倍のガソリンを消費します。よって、1秒間に消費するガソリンの量を考えると、速度が2倍になると2倍のスピードでエンジンを回し、なおかつ1秒間に2倍の距離を走りますので、結局2×2＝4倍のガソリンを消費することになります。消費されたガソリンの化学エネルギーが運動エネルギーに変換されますので、結局4倍の運動エネルギーになります。同様に自動車が3倍の速度で走れば、エンジンが3倍速く回るし、1秒間に走る距離も3倍になるので、ガソリンの消費量は3×3＝9倍となり、よって運動エネルギーが9倍になります。

時速60㎞で走る自動車は、時速40㎞のときに比べて、速度は1・5倍ですが、その運動エネルギーは2・25倍（＝1・5×1・5）になっています。なので、1時間に走る距離は1・5倍ですが、ガソリンは2倍以上の量を消費しています。ですので、スピードの出しすぎは危険なだけでなく、省エネでないのがわかります。

これが、普通の物体の速度と運動エネルギーの関係です。ほとんどの金属や半導体のなかの電子も同じで、電子の運動エネルギーは速度の2乗に比例します。

ところが、グラフェンのなかの電子の運動エネルギーは、速度（の1乗）に比例するのです。これは質量をもたない光と同じ性質なのです。それを直感的に理解するために、質量ゼロの仮想の自動車を想像してみましょう。速度を2倍にするには、前と同じように2倍の速さでエンジンを回しますので、これによって1秒あたり2倍のガソリンを消費します。タイヤを2倍の速さで回転させるのに必要なエンジンの回転速度は、車の質量に関係ありません。しかし、質量がゼロの自動車、つまり雲のようにふわふわと軽い自動車を想像してみると、2倍の距離を走ろうが3倍の距離を走ろうが消費するガソリンは変わらないだろうと予想できるでしょう。よって、速度を2倍にすれば、エンジンの回転数の分だけの2倍のガソリン消費量で済むし、速度を3倍にすれば3倍のガソリンの消費で済みます。つまり、運動エネルギーは単純に速度に比例することになります。

物質のなかでは電子の質量が変わる

結晶のなかを動き回る電子は、実は、見かけ上、質量が重くなったり軽くなったり、ときにはグラフェンのように質量がゼロのように見えたりします。これは、電子を粒子と考えていたのでは理解できません。ここでも電子の波としての性質が顔を出します。多数の原子（あるいは正イオン）がきちんと整列した結晶格子のなかを、電子は「波乗り」しているように走っているのですが、その波が、深い海の波のようなときもあれば、浅瀬のさざ波のようなときもあり、物質によって、また電子のエネルギーによって様子が違います。そのために見かけ上の質量が違うのです。見かけ上の質量が軽い電子ほど、同じ1ボルトの電圧をかけたときに加速される度合い、つまり加速度が大きくなり、速いスピードで物質中を走るのです。

グラフェンでは、1個のC原子と結合している周囲の3つのC原子が、120度おきの角度にちょうど配置されているので、言ってみれば、三方からの価電子の波が重なり合い、質量に相当する部分を打ち消しあって、見かけ上、質量ゼロの電子になっているのです。ですので、グラフェンを作っているC原子に限らず、平面状のハニカム格子（蜂の巣状の格子）状に原子が並んでいる物質では、そこでの自由電子は一般に質量ゼロのディラック電子になることが理論的に示されています。実際、グラフェンの後、さまざまな1原子層の物質で、この質量ゼロのディラック電子が発見されています。そして、本書の主題であるトポロジカル物質の表面にも、このディラック電子が現れるのです。

2次元電子系——ノーベル賞の宝庫——

この光のような、質量ゼロの電子がグラフェンのなかで実際に流れていることを、ガイムとノボセロフは「**量子ホール効果**」という現象を実験で観測して証明しました。

量子ホール効果という現象は、物質中を非常に速い速度で走る電子でしか観測されない電気伝導の現象です。それを発見したドイツのクラウス・フォン・クリッツィングが、ガイムたちより四半世紀も前の1985年にノーベル物理学賞を受賞しています。フォン・クリッツィングだけでなく、実は日本の川路紳治が同じ現象を先に観測していたのですが、彼らが測定した試料はグラフェンではなく、SiやGaAsなどの半導体でした。その結晶の純度が高く欠陥や不純物が極めて少ない高品質の結晶だったので、そのなかでの電子は、質量がゼロでないにもかかわらず極めて速いスピードで動けるのです。しかし、それだけではなく、この量子ホール効果を観測するには、「**2次元電子系**」という特別な状態にして、電子のスピードをさらに上げたのです。グラフェンは1原子層の物質なので、必然的に2次元電子系となっています。

半導体結晶の表面付近や、異なる2つの半導体結晶を接合したとき（**半導体ヘテロ構造**と呼ばれます）の界面付近では、非常に速いスピードで動ける電子を作り出せるのです。実は、このことは、2・4節ですでに述べました。2000年のノーベル物理学賞になったアルフェロフとクレーマーが、半導体ヘテロ構造を利用して、高速光エレクトロニクスに使われるデバイスを開発したことを紹介しました。この業績は、実は、量子ホール効果で示された半導体ヘテロ構造の界面近傍での電子の性質、つまり非常に速いスピードで動くという性質を利用したものでした。この構造のなかでの電子の見かけの質量はゼロではないのですが非常に小さな値なので、動くスピードが非常に速いのです。

なぜ2次元ではスピードが上がるのか

普通の半導体結晶のなかの電子は、ゼロでない質量をもっているにもかかわらず、なぜ、半導体の表面近傍や半導体ヘテロ構造の界面付近では電子が速いスピードで動けるのでしょうか。

電子を散乱する欠陥や不純物が少ない、非常に純度の高い完全な結晶を使うということも理由の一つなのですが、もう一つの理由があります。表面や界面に沿って、平面的にしか動けない、つまり電子の運動が2次元だけに制限されているということが、速いスピードで動ける理由になるのです。

普通の結晶は、縦、横、高さのある3次元の物体ですので、そのなかの電子は、上下、左右、前後、の3方向に動くことができます。数学で使う座標で言えば、x, y, zの3つの座標軸で表される3次元空間のなかで運動をします。しかし、結晶表面近傍やヘテロ界面近傍の電子は、その面に沿った方向でしか運動できないのです。つまり2次元空間のなかでの運動になります。それは、結晶表面やヘテロ界面には、電子をその近傍に閉じ込めるポテンシャル障壁ができているので、表面や界面に沿った方向にしか動けないのです。このような状態を「**2次元電子系**」といいます。

その面に(x, y)座標軸を設定しましょう。そうすると、z軸方向、つまり、表面や界面に垂直方向には電子は動けません。z軸方向には、電子が閉じ込められて運動が制限されているので、ある意味、原子核の周りに束縛された電子と同じになっています。つまり、z軸方向の電子のエネルギーは、原子のなかの電子軌道エネルギーと同じように、いくつかの決まったエネルギーの値しかとりません(1.4節で説明した原子のなかの電子状態を参照)。しかし、(x, y)平面内では、電子は自由に動き回っていますので、前に説明したように、速度の2乗に比例してどんな値の運動エネルギーでもとることができます。つまり、z軸方向には「エネルギーが量子化」されていますが、(x, y)平面内では自由電子としていろいろなエネルギーで走り回っているのです。

この2次元電子系の中に1個の不純物原子があったとします。そうすると、電子はそれによって散乱されて、その結果、進行方向を変えられたりエネルギーを失ったりして、伝導がじゃまされます。2次元電子系では散乱されるといってもz軸方向には動けないので、(x, y)平面内での散乱しか起こりません。つまり、電子は不純物原子の右側か左側か、あるいは前方か後方かにしか散乱されません(図3・11)。

しかし、通常の3次元の結晶の場合には、その他に上方か下方(z軸方向)にも散乱されます。つまり、2次元系にすることによって、3次元系で起こっていた上下方向の散乱が起こらなくなります。したがって、その分だけ、2次元電子系では3次元電子系より散乱が起こりにくいと言えます。その結果、2次元電子系の電子は、3次元系に比べて散乱される頻度が少なくなって速いスピードで走ることができると言えます。

低次元系のメリット・デメリット

この考え方をさらに推し進めると、1次元電子系、つまり、カーボンナノチューブ(図3・10(b))のように細いワイヤ状の物質のなかでは、さらに速いスピードで電子が走ることになります。なぜなら、細いワイヤの中に1個の不純物原子があったとすると、それによる電子の散乱で

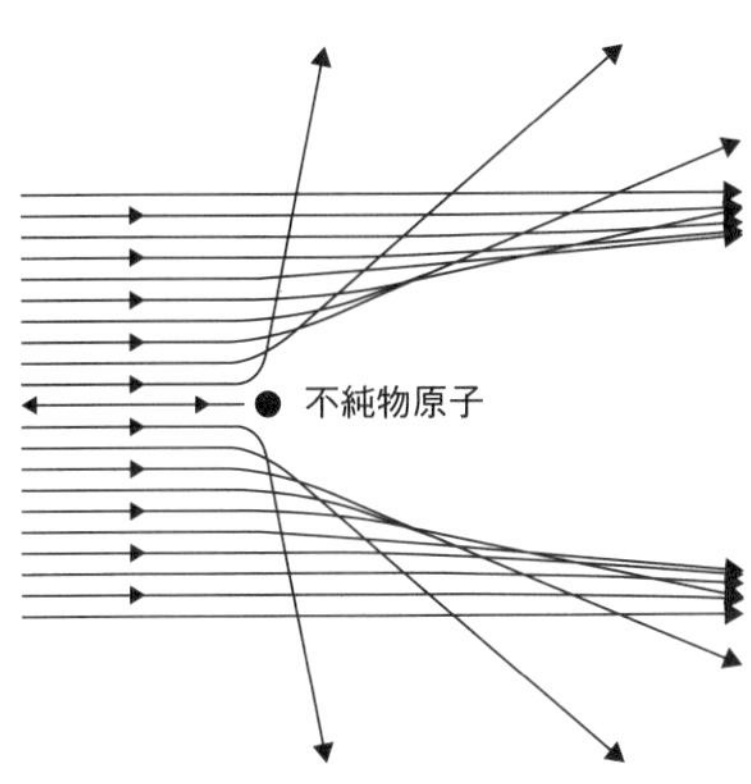

図3.11 不純物原子による電子の散乱のイメージ。電子の粒子描像で描いている。2次元電子系では平面上での左右および後方への散乱が起こる。3次元電子系では、さらに上下方向（紙面に垂直方向）にも散乱される。

は、左右への散乱も上下への散乱もできないので、散乱されずに前方に進むか、あるいは180度向きを変える後方散乱しか起こりません。つまり、散乱された後、電子の行く方向が2つの選択肢しかありません。その結果、電子はあまり散乱されなくなります。それによって、1次元電子系ではさらに電子のスピードが速くなります。実際、グラフェンをくるりと丸めてできた細いカーボンナノチューブのなかでの電子は、極めて速いスピードで電子が流れます。

このように、3次元より2次元、2次元より1次元、と「低次元」にすると、一般に電子が散乱される頻度が下がり、その結果、より速く動くようになります。

しかし、他方で、上述のように低次元系ほど散乱の頻度は下がるものの、電気伝導に与える影響は、低次元系のほうが重大になってきます。なぜなら、流れてきた電子が不純物原子に散乱されるとき、1次元物質の場合には、その不純物原子を避けようがなく、電子は反対向きに跳ね返されるしかありません。ですので、電子の流れを妨げる効果は重大です。2次元物質の場合は、電子は不純物原子の左側か右側に避けて通り過ぎることができます。さらに、3次元物質の場合、左右だけでなく、上か下にも避けて通り過ぎることができるので、不純物原子の影響は小さくなります。

ですので、低次元系にすると、電子のスピードが上がる効果と、不純物や欠陥による散乱のために電子の流れが妨げられる効果の重大さの兼ね合いで、実際には、電子のスピードが上がる場合もあれば下がる場合もあります。電子をできるだけ速いスピードで流したければ、できるだけ高純度で高品質の物質を作り、電子が流れる部分には不純物や欠陥がなく、なおかつ低次元電子系を作るといいのです。その意味で、グラフェンに代表される2次元物質は好都合なのです。

3・6　量子ホール効果―トポロジカル物質のさきがけ―

さて、2次元電子系やグラフェンで観測された量子ホール効果とはどんな現象なのでしょうか。実は、これこそが、本書の主題であるトポロジカル物質のさきがけとなる現象なのです。

まず、中学校の理科で習った「**フレミングの左手の法則**」を思い出してください。モーターがくるくる回る仕組みを学んだときに出てきた法則です。電線があって、それに電流が流れています。そこに直角方向に磁場をかけます。そうすると、電線と磁場の両方と直交する方向に力が電線にはたらきます（図3・12（a））。これがちょうど、左手の中指、人差し指、親指を互いに直角に伸ばした方向になっています。この力によって、磁石の間に置いたコイルに電流を流すと、コイルが力を受けてくるくる回るモーターになるのでした。

この現象を、個々の電子の運動として見てみましょう。電子は負電荷をもっていますので、電流の向きと電子の流れは逆向きになります。そうすると、図3・12（b）のように、個々の電子に力がはたらいて、電子の進路が進行方向で見て左に曲げられます。このように磁場中を走る電子にはたらく力を「**ローレンツ力**」と呼びます。フレミングの左手の法則は、このローレンツ力が原因なのです。

ここで磁場の強さを非常に強くします。そうすると、ローレンツ力が非常に強くなり、電子はより強く左に曲げられます。そして、磁場が十分に強い場合、電子の曲がった進路の曲率半径が試料の幅より小さくなり、図3・12（c）に示すように電子はくるくると円運動するようになります（**サイクロトロン運動**といいます）。ローレンツ力が円運動の向心力としてはたらくのです。で

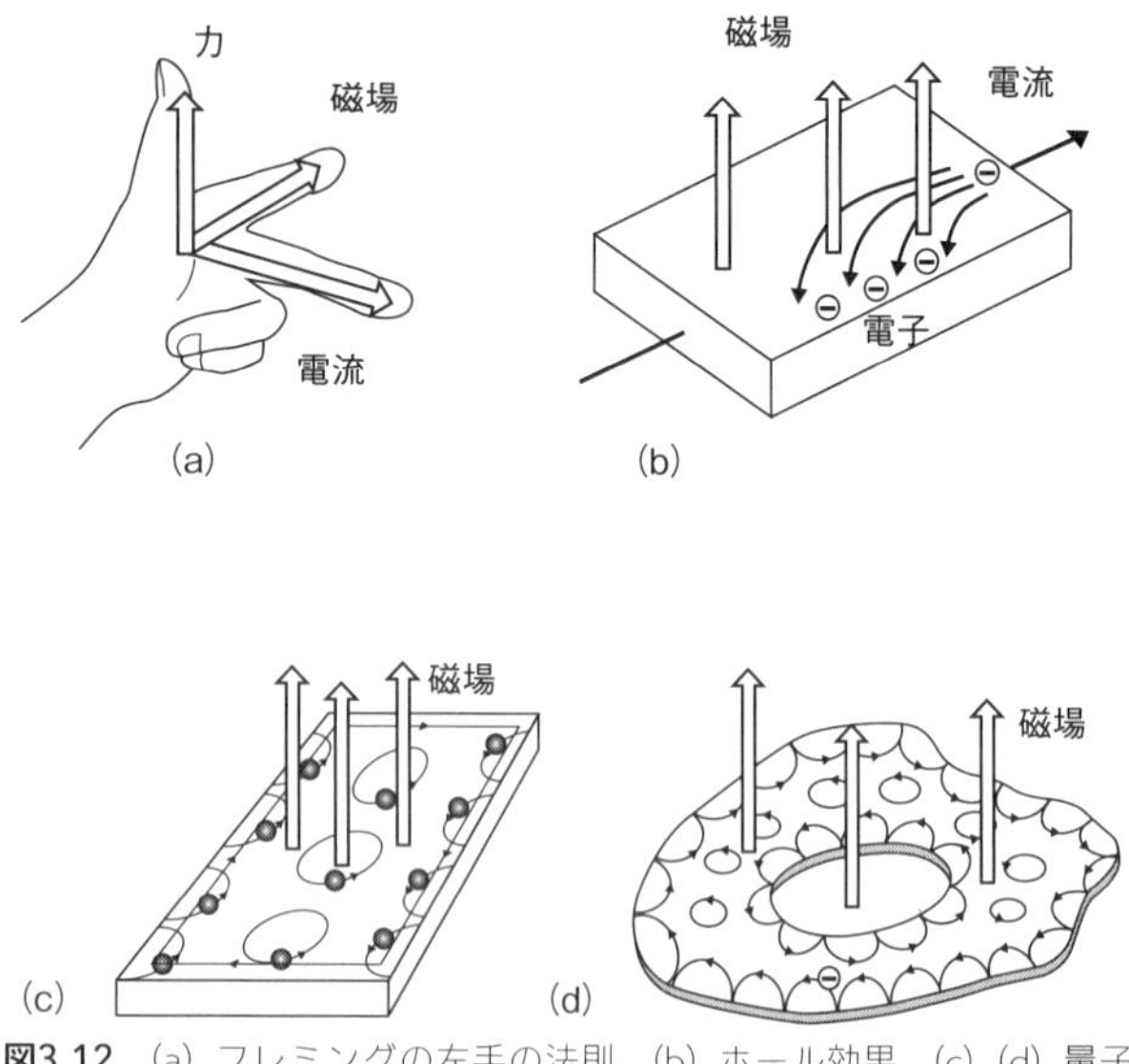

図3.12　(a) フレミングの左手の法則。(b) ホール効果。(c) (d) 量子ホール効果の概念図。

すので、電子は、前に進もうとしても、その場でくるくると円運動してしまいます。つまり、電子が局在してしまい、拡がった波ではなくなってしまいます。だから、一方の電極から他方の電極に電流を流そうとしても流れません。つまり、絶縁体となります。まるで原子の内部で、原子核からのクーロン引力に引き付けられてその周りを回る電子のようで、電池をつないで電場をかけても電流として流れないのです。このように、自由電子がたくさんいて、電流が流れるはずだったのに、強い磁場をかけると電流が流れなくなってしまいます。

金属と絶縁体の違いを説明した2・

2節では、絶縁体では原子と原子の間で共有結合やイオン結合を作って、価電子が原子と原子の間に局在してしまうと述べましたが、量子ホール効果状態では、磁場による円運動のために電子の波が局在してしまって絶縁体になるのです。

このような現象が起こるには、電子が欠陥や不純物などに散乱されることなくスムーズに円運動する必要があります。そのためには、前に述べたように、高純度で高品質の結晶を使う必要があります。それと同時に、結晶の表面や界面近傍に2次元電子系を作ると、散乱される頻度が下がるので、そこでこの現象が観測できます。

試料の端では電子がスキップして流れる

ここで、試料の端を見ると、面白いことに気づきます。図3.12(c)に示すように、円運動をしようとする電子が、円軌道を描く前に試料の端で跳ね返されます。その電子がまた円運動をしようとすると、また円弧を描いたあと試料端で跳ね返されます。これを何度も何度も繰り返すと、図にあるように、結局、電子は試料の端付近をスキップするように伝わっていきます。

このように、2次元電子系に非常に強い磁場をかけると、自由電子がたくさんいるにもかかわらず、2次元電子系の内部はサイクロトロン運動のために絶縁体になって電流が流れませんが、端では、そこに沿って電流が流れる通路ができます。つまり、内部が絶縁体なのに、端(エッジ、edge）は金属になっているのです。これが量子ホール効果といわれる現象です。

とくに、このときの試料の端での電気伝導が実はたいへん興味深い現象なのです。図3・12（c）に示したように、電子が端で跳ね返されてスキップするように伝わるのは磁場による円運動の結果であって、両端に電圧をかけなくても、このスキップ運動によって一方の端から向こう側の端に電子が伝わっていきます。磁場から電子が受ける力、つまりローレンツ力は、図3・12（a）のフレミングの左手の法則が示すように、電子の運動方向に対していつも直角方向にしかはたらきません。つまり、電子の運動方向には力がはたらかないので、電子のスピードが上がるわけではなく、単に運動方向が曲げられるだけです。ですので、このスキップ運動は、電子の運動エネルギーを増加させているわけではないのです。ということは、超伝導やスピン流の節で述べたように、このときの電子は過剰な運動エネルギーをもたないので、非弾性散乱を起こしてエネルギーを失うことができません。つまり、ジュール熱を発生することができません。逆に言えば、エネルギーの損失なしで一方の端から他方の端までスキップ運動して電子が流れていくのです。実際、こちら側と向こう側の端の間での電気抵抗はゼロになります。まるで超伝導のような電気伝導が端だけで起こっているのですが、超伝導とはメカニズムが全く違います。ここでも「**無散逸伝導**」、つまりエネルギーのロスがゼロで電流が流れる現象が起こっているのです。

ガイムとノボセロフは、この現象がグラフェンでも起こることを実験で示しました。グラフェンは1原子層の物質なので、文句なく2次元電子系となっており（π電子という自由電子が存在することを思い出してください）、質量ゼロのディラック電子なので速いスピードで、しかも不純物や欠陥などにあまり散乱されずに運動しているために、量子ホール効果状態が実現できたのです。さらに、その量子ホール効果が、普通の半導体で見られるものとちょっと違っており、それが質量ゼロのディラック電子であることに起因するということを実証しました。理論的に質量ゼロだと言われても半信半疑ですが、実験で実証されてしまうと文句のつけようがありません。

1985年にフォン・クリッツィングにノーベル賞が贈られた量子ホール効果は、上述のように、試料の内部と端で性質が違う状態になっていること、それが2010年のノーベル賞の対象になったグラフェンでも観測され、試料の形や物質の種類にかかわらず、自由電子が高速で動くなら共通して起こる普遍的な現象であることなど、物質の通常の性質とは違った特徴をもっています。通常の性質は、金属や半導体、絶縁体の節で述べたように、原子どうしの化学結合の性質に起因していますが、量子ホール効果は全く違った原因から生まれる現象なのです。

これが、これから述べるように、トポロジカル物質の概念につながっていくわけですが、量子ホール効果がもつもう一つの重要な意義は、**ホール抵抗**と呼ばれる電気抵抗の値が25812・807455オームと正確に決まるので、抵抗値の世界標準となっていることです。図3・12

（c）の量子ホール効果においては、試料のこちら側と向こう側の端の間の電気抵抗は超伝導のようにゼロになると言いましたが、試料の右側と左側の端の間での抵抗（これをホール抵抗と呼びます）が、上記の決まった値、または、その整数分の1になるのです。この値が、物質によらず、試料の形や大きさが違っても常に正確に決まった値になるのです。いつ、どこで、誰が測っても非常に高い精度で同じなので、これが世界中どこででも実現できる電気抵抗値の世界標準値として認定されています。

量子ホール効果からトポロジカル物質へ

この量子ホール効果およびグラフェンのノーベル賞は、本書の主題である「トポロジカル物質」の、いわば前奏曲になっています。グラフェンにおいて、質量ゼロのディラック電子が実験で実際に検出できる「実在」であることが示され、普通の物質のなかの電子と著しく性質が違うことが示されました。実は、トポロジカル物質の結晶表面にも、このディラック電子が現れます。また、量子ホール効果は、上述のように、試料の内部と端で性質が違うこと、しかも、それは、原子間の化学結合やポテンシャル障壁といった局部的な性質に起因するのではなく、単に試料の内部か端かという「グローバル」な視点で見ることによって決まる性質です。これは、いままでの物質の性質とはかなり違ったキャラクターと言えます。序章で述べた「国境」の話を彷彿させます。

たとえば、グラフェンのシートをいろいろな形に切り取って、端の形を変えても、量子ホール効果状態では、内部は絶縁体になって電気を流さないけれど、試料の端だけは相変わらず金属となってエネルギーを散逸せずに電気が流れることになります（図３・12（d））。どんな形の端でも、それに沿って、図３・12（c）に描いた電子のスキップ運動が起こるからです。また、グラフェンのシートの真ん中に穴を開けると、その穴の縁（ふち）に沿って同じく電子のスキップ運動が起こり、やはり電子が流れる金属的な端状態ができます。２次元電子系の内部は絶縁体であり続けながら、端を変形したり新しく端を作ったりしても、すべて、その端に沿って電子がスキップ運動をして伝わる通り道ができるのです。この性質は、まさにトポロジカル物質の性質です。しかも、トポロジカル物質では、端に沿ってスキップしながら伝わる電子が質量ゼロのディラック電子で、なおかつ、その電子のスピンの向きが一定方向にそろって流れるという性質ももっています（第７章で説明します）。

さらに、ここでトポロジカル物質の驚愕の性質が出てきます。つまり、グラフェンや２次元電子系で量子ホール効果を作り出すには強力な磁場をかける必要があったわけですが、トポロジカル物質では磁場をかけなくても量子ホール効果と同じ状態に自動的になっているのです。物質内部で電子が走ることによって、自分自身で「仮想的な磁場」を作り出すことができる物質なのです。その仮想的な磁場によって、量子ホール効果状態に自動的になっているのです。その詳細は第6章で述べることにしましょう。

3・7 つながるノーベル賞

第I部では、1901年から始まったノーベル賞のいくつかを取り上げながら、物質科学の発展をたどってきました。たぶん、お気づきだと思いますが、1つのノーベル賞がその後のいくつかのノーベル賞の基礎になっていることがわかったと思います。つまり、ノーベル賞はつながっているのです。

レントゲンのX線の発見が、X線CTやX線回折、DNAの二重らせん構造の解明につながっていきました。電子の波動性の発見が、原子の内部構造の解明、原子間の化学結合の理解につながっていきました。半導体がトランジスターや発光ダイオードなどに応用され、トンネル効果が走査トンネル顕微鏡になり、スピンの発見が巨大磁気抵抗効果やスピン流の研究へとつながっています。そしてグラフェンや量子ホール効果の発見が本書の主題であるトポロジカル物質へとつながっていくのです。

このような「発見のつながり」がまさに科学の発展の過程なのです。読者の皆さんは、ノーベル賞は、今まで誰も考えなかった新しいことを発見したり発明したりした人が受賞するものだと漠然と思っていたかもしれませんが、その新しい発見や発明は、実は、その前になされた発見・発明の上に乗っているのです。そのような発見・発明の「連鎖」が科学の発展そのものであり、ノーベル賞の歴史がその連鎖を示しているのです。ニュートンも使った言葉、「巨人の肩の上に立つ」ということが連綿と続いているのが科学の歴史であり、そして、それはこれからもずっと続いていくはずです。

第Ⅱ部

バーチャル空間で物質を観る

——量子物理学での表現法——

第Ⅱ部では、物質のなかの多数の電子の様子を表現する量子物理学の方法を紹介します。第Ⅰ部では、そのような表現方法を使わずに説明してみましたが、同じことを説明するのに、運動量空間とかバンド分散図とか呼ばれる、言ってみれば一種のバーチャル空間での表現を使えば現象がすっきりと説明でき、そのような表現方法がとても便利なことがわかるでしょう。これは、物性物理学の基礎になるもので、ここで紹介する概念をもとにして初めてトポロジカル物質がどう新しいのか理解できます。少し教科書的で退屈かもしれませんが、基礎的事項ですので、我慢して読んでください。大げさに言えば人類が到達した物質に関する深遠な理解が感じられると思います。

第４章 運動量空間とは

４・１ 金属のなかの電子の動きを表現する

第Ⅰ部でさまざまな例を紹介しましたが、物質の内部には膨大な数の電子が詰め込まれていて、それらが動いたり（伝導）、不純物や欠陥に跳ね返されたり（散乱）、ある場所にとどまったり（局在）、ポテンシャル障壁で閉じ込められたり、あるエネルギー状態から別のエネルギー状態に飛び移ったり（遷移、励起）、スピンが上を向いたり下を向いたり（スピン反転）、と絶えず動き回っています。そのような電子の「振る舞い」の違いが物質のさまざまな性質の違いを生み出していることを学びました。

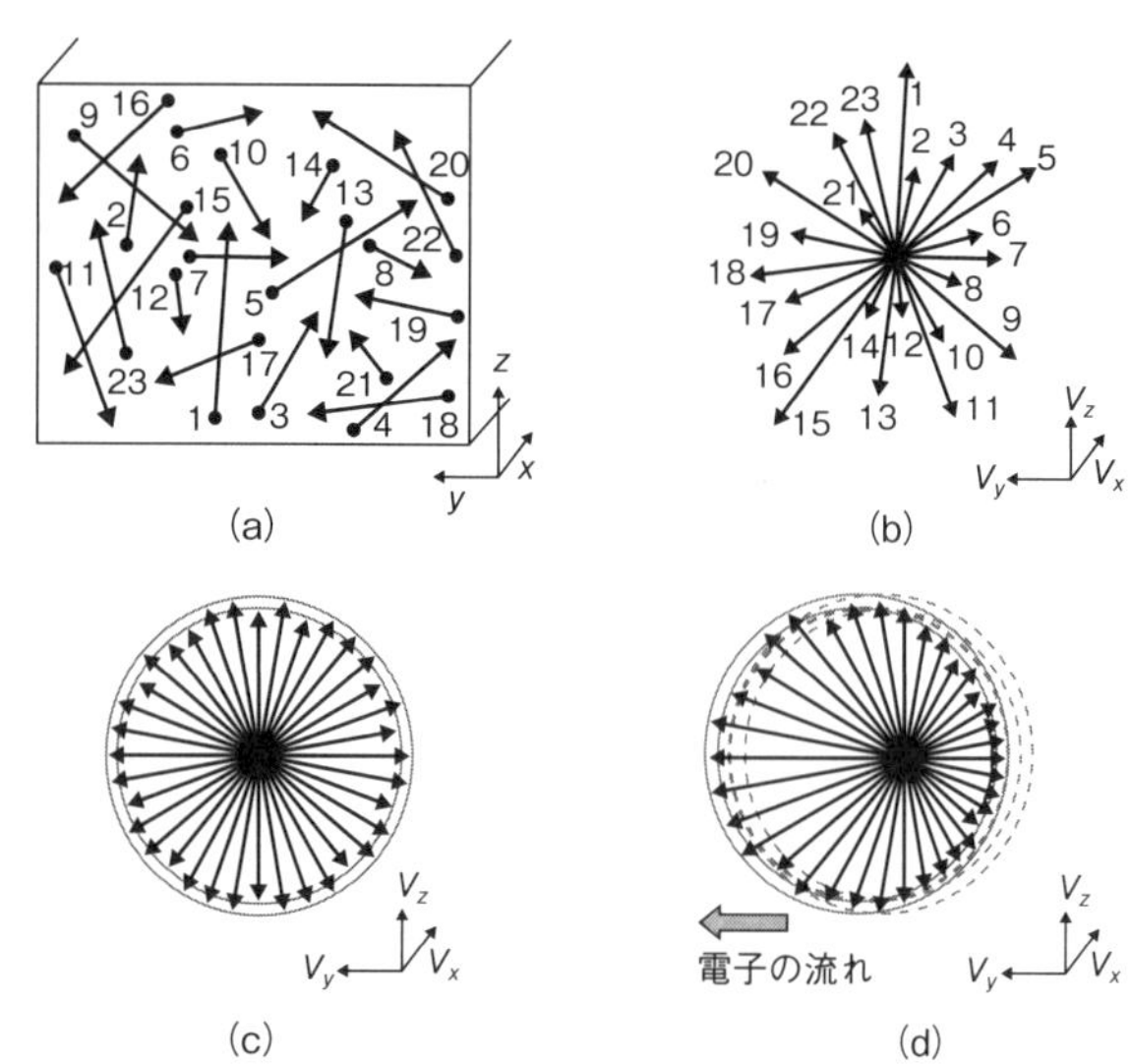

図4.1　多数の電子の動きの表現法。(a) 実空間、および (b) 速度空間での表現。(c) フェルミ速度で動く電子の速度空間での表現。(d) 電流がy (の負) 方向に流れているときのフェルミ球のズレ。

膨大な数の電子が動き回る

さて、膨大な数の電子の振る舞いを表現するにはどうしたらいいのでしょうか。

金属の場合、1立方センチメートルのなかには約10の23乗（10^{23}＝1兆×1000億、1京×1000万）個というとんでもなく多くの電子が入っていて、それらがワサワサと絶えず動き回っています。高校の化学の授業で習った「アボガドロ数」6・022×10^{23}を覚えているでしょうか。手にとれる大きさの物質には、だいたいアボガドロ数程度の電子（と原子）が詰まっています。

1個の電子だけなら、その動きを記

述するのは簡単です。その電子がある向きにある速さで動いているということを矢印（ベクトル）で表現すればいいわけです。そのベクトルの始点が、その電子が現在いる場所を示します。そして速さに応じてベクトルの長さを決めます。電子が10個や１００個になっても、それぞれの電子の動きを同じようにベクトルで表現することが可能でしょう（図４・１（ａ））。しかし、アボガドロ数個の電子となると、いちいち個々の電子の動きを、現在の位置を始点とするベクトルで表記するのはほとんど不可能ですし、たとえできたとしても意味がないでしょう。さあ、どうしたらいいのでしょうか。

それぞれの電子が現在どの位置にいるか、という情報は思い切って捨てることにしましょう。金属内の自由電子は金属内で一様に散らばっていると考えられるので、それぞれの電子が今どこにいるかという情報はあまり重要ではないからです。そして、電子の運動を表すすべてのベクトルの始点を一点に集めます（図４・１（ｂ））。そうすると、ハリネズミのように、矢印が一点からあらゆる方向に外向きに描かれます。ベクトルの長さもさまざまです。この矢印がアボガドロ数個ある図を想像してください。

図４・１（ａ）では、物質内での電子の現在の位置と速度を表しているので、物質の縦、横、高さ、つまり、（x, y, z）座標の空間での表現になっています。この空間は、物差しで実際に長さを測れる空間なので、「**実空間**」と呼ばれます。私たちが住んでいる空間です。

一方、図4・1（b）のように、一点を始点とする速度ベクトルで電子の動きを表すと、それぞれの電子の位置の情報は表現されていませんが、速度の情報（速さと向き）は正確に表されています。その縦、横、高さの軸は、それぞれ速度ベクトル$\vec{V}$のx方向の成分V_x、y方向の成分V_y、z方向の成分V_zです。ベクトルの長さは、物差しで測れる「長さ」ではなく、速さを表しているので、この図（b）は、図（a）のような実空間での表現ではありません。座標軸が速度を表す（V_x, V_y, V_z）の軸になっていますので、「**速度空間**」、あるいは「**運動量空間**」と呼ばれます。一種のバーチャル空間です。

いろいろな「フェルミ」

金属のなかの自由電子はいろいろな速さで走り回っていますが、際限なく速いスピードが許されるわけではありません。速さの上限、つまり最高速度が決まっています。3・4節でも出てきましたが、それを「**フェルミ速度**」と呼びます。ですので、図4・1（b）の矢印は、ある長さ以上のものは存在しません。

そのフェルミ速度で動き回っている電子を速度空間で表現すると、図4・1（c）のように、長さの同じ多数のベクトルが、中心からさまざまな方向に出ていることになります。ですので、それらのベクトルの終点は、ベクトルの長さを半径とする球面上に載ります。この球を「**フェル**

ミ球」と呼びます。実際には、フェルミ速度の付近でほんの少し速さが遅かったり速かったりする電子もいますので、それらのベクトルの終点の集合は、フェルミ球の最表面で少し厚みをもった球殻になります。このフェルミ球の表面を「**フェルミ面**」といいます。このように、運動の方向はバラバラですが、ほぼ同じ速さ、つまり同じエネルギーで自由に動き回る電子は、速度空間のなかで球殻によって表現されます。速度空間を使うとシンプルな表現になってきました。

図4・1（c）を見ると、膨大な数の電子がいるので、ある向きに動く電子がいると、その正反対の向きに動く別の電子が必ずいます。ですので、電荷の流れとしてはお互いに打ち消し合い、その結果、電流が流れていることにはなりません。電池をつないでいないときには、個々の電子は動き回っているのにもかかわらず、電流が流れないのはこのような理由のためです。

金属のなかには、速度ゼロの電子から最高速度であるフェルミ速度をもつ電子までいます。つまり、運動エネルギーがゼロから最高の運動エネルギー（これを「**フェルミエネルギー**」と呼びます）をもつ電子までいるわけです。そして、前に述べたように金属のなかにいる電子は膨大な数ですから、ゼロからフェルミエネルギーまでのエネルギー範囲に少しずつエネルギーの違う状態があって、それぞれのエネルギー状態に電子が収容されているという見方ができます。それぞれのエネルギー状態は、速度によって決まっており、速い速度で動く電子ほど高いエネルギー状態になり、それは、速度空間では半径の大きな「球殻」で表現されます。ですので、エネルギーゼロからフェルミエネルギーまでの範囲で自由に動き回っている膨大な数の電子は、速度空間のなかでは、多数のエネルギー状態によって中身がびっしりと詰まったフェルミ球で表現されます。

そして不思議なことに、実は、ある値のエネルギーをもって、ある向きに動くという状態をとっている電子は2個しか存在しません。エネルギー状態を電子が座る座席と考えると、同じエネルギー値（つまり同じ速さ）をもって同じ向きに動くという電子の座席は2つしかないのです。ですので、エネルギーゼロからフェルミエネルギーまでの範囲にほんの少しずつ違ったエネルギーレベルの座席が膨大な数用意されていて、それぞれのエネルギーレベルでそれぞれの向きに動くという状態に2個ずつ電子が収容されています。実は、その同じ座席にいる2つの電子は必ず逆向きのスピンをもっています。

このように、それぞれの状態に2個ずつの電子を詰め込むという規則を「**フェルミ統計**」といいます。この規則に従う粒子を「**フェルミオン**（**フェルミ粒子**）」と呼びます。電子はフェルミオンの一種です。

余談ですが、ここまで「フェルミ」という言葉が連発されました。フェルミ速度、フェルミエネルギー、フェルミ球、フェルミ粒子、……。これは、イタリア生まれの物理学者で1938年にノーベル物理学賞を受賞しているエンリコ・フェルミの名前に由来しています。彼の受賞業績は、新しい放射性元素を人工的に作るなど原子核反応の研究成果でした。後にアメリカの原爆開発プロジェクトであるマンハッタン計画でも中心的役割を果たした物理学者です。原子番号100番の元素は彼の名前にちなんで「フェルミウム」と名付けられています。実はフェルミは、原子核物理学だけでなく、量子力学、統計力学など他の分野でも、しかも実験と理論の両面にわたって重要な業績をたくさん残している物理学界のスーパーマンです。ですので、物理学のいろいろな分野で彼の名前を冠する学術用語がたくさんあります。

フェルミ球に電子を詰める

閑話休題。あるエネルギーである向きに動いているという状態には（スピンが上向きと下向きの）2個の電子しか入れないという「フェルミ統計」のような規則が、なぜあるのでしょうか。

簡単に言うと、フェルミオンは、同じエネルギーで同じ向きのスピンをもつものどうしは反発し合って、同じ座席に入りたがらないということに起因しています。これは、電子が負電荷をもっているので、お互いに反発し合って離れ離れになりたがるというだけでなく、もっと深い意味で同じ状態の座席には座りたがらないのです。似た者どうしが反発するというのは人間の世界でもよくあることですが、これを量子物理学の世界では「**パウリの排他原理**」と呼んでいて、物理学の根本原理の一つになっています。1945年のノーベル物理学賞を受賞したヴォルフガング・パウリが提唱した電子の詰まり方の決まりで、金属内部での電子の詰まり方だけでなく、原子や分子内での電子の詰まり方の理解にも役立っています。元素の周期表は原子のなかの電子軌道に電子が詰まるときの規則性がもとになっていますが、その大元はパウリの排他原理なのです。「排他」という名前がついているのは、同じエネルギーと同じ向きのスピンをもつフェルミ粒子どうしはお互いに斥け合って同じ座席に座らないという様子を表現しています。

ちなみに、フェルミ統計ではなく、「**ボーズ統計**」と呼ばれる法則もあります。そこでは、数の制限なく多数の粒子が仲良く同じエネルギー状態に入ることができます。光の粒子であるフォトン、超伝導の担い手であるクーパー対などがこのボーズ統計に従います。そのような粒子を「**ボゾン**（**ボーズ粒子**）」と呼び、フェルミ粒子と全く違う性質を示します。

また、上述のパウリの排他原理は「法則」ではなく「原理」という名前がついていますが、それには意味があります。原理とは、なぜそうなるのか何かを根拠にして説明することができない原理原則だという意味です。自然界の法則のなかには、不確定性原理、等価原理、相対性原理、光速度不変の原理、変分原理など、原理という名前がついているものがいくつかあります。それを認めれば、すべてうまく理論を組み立てて自然現象を説明できるというものであり、理論の土台になっているものなのですが、その原理自体は、なぜそれが成り立つのか説明できないのです。本当の意味での根本原理であり、まさに神様が定めたルールだと言うしかありません。

しかし、研究が進展して、今まで原理だと考えられてきたルールが、もっと根源的な原理から導き出せる「法則」だとわかることもありえます。単に未解明の規則を原理と言っている場合もあるかもしれません。中学校の理科で習う「アルキメデスの原理」と呼ばれている法則は、水中の物体にはたらく浮力と物体の密度から導き出せるので、本当の意味での原理ではありません。でもパウリの排他原理は今のところ本物の原理と考えられます。

多数の電子が詰め込まれて満席になる

とにかく、金属のなかの膨大な数の電子がいろいろなスピードで勝手な方向に動き回っているということを量子物理学で表現すると以下のようになります。

「電子の運動エネルギーはゼロからフェルミエネルギーまでの範囲をとり、そのあいだには、ほんのわずかずつ違ったエネルギー値をとるエネルギーレベルがびっしりと膨大な数用意されていて、それぞれのエネルギーレベルで、ある方向に運動するという状態にはスピンが逆向きの２個の電子しか収容されず、全体でアボガドロ数個程度の電子が詰め込まれており、それを速度空間のなかではびっしりとエネルギーレベルの詰まったフェルミ球で表現できる」、ということです

(図4・2参照)。

フェルミ統計のために、たとえば、すべての電子をゼロエネルギーの準位に詰め込むことはできません。どうしても運動エネルギーがゼロでない準位に電子を配分しなければならないのです。つまり、ある大きさのフェルミ球全体に電子を配分しなければならないのです。最高エネルギーであるフェルミエネルギーは、普通の金属では数電子ボルト(数eV)のエネルギーになり、これを熱エネルギーに換算すると数万度の高温に相当します。このようなフェルミ球が全体として最低のエネルギー状態であり、絶対零度で実現している状態なのです。そのような高いエネルギーは、パウリの排他原理によって、電子がお互いに排斥し合って金属のなかに閉じ込められているために生じます。広い自由空間でアボガドロ数個の電子を離れ離れに配置してよいのなら、すべての電子がゼロエネルギーになる状態が最低エネルギー状態となります。しかし、物質のなかに閉じ込めると、電子がお互いに押し合いへし合いして(相互作用して)、その結果、フェルミ球で表される状態にまでエネルギーが上がってしまうのです。みんなで仲良くゼロエネルギーになるというわけにはいかないのです。

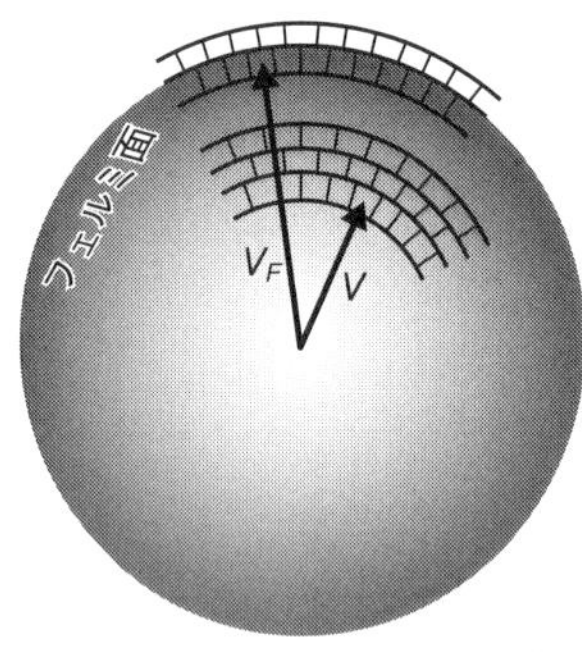

図4.2 フェルミ球と、状態を表す座席の模式図。

このように金属のなかでは、ゼロエネルギーからフェルミエネルギーまでのすべてのエネルギーレベルの座席が電子によって占有されて満席状態になっています。つまり速度空間でのフェルミ球のなかには電子がびっしりと詰め込まれています。実は、フェルミエネルギーより高いエネルギーレベルにも座席は用意されているのですが空席のままになっていて電子は入っていません（図4・2参照）。フェルミ速度より速い速度で走る電子はいないからです。

念のためにもう一度言いますが、フェルミ球のなかにある座席を占める電子とは、図4・1（c）に戻れば、速度空間の原点からそのフェルミ球のなかのその座席の位置に向かうベクトルで表される速度をもつ電子を意味します（図4・2）。座席といっても、実空間での座席のように、そこに座っている電子がその位置に止まっているわけではなく、速度空間のなかでの座席ですので、その座席の位置で指定される速度で動いているという意味です。図4・1（c）は実空間ではなく速度空間であることを思い出してください。

4・2 電流として流れる電子たち

金属ではフェルミ球にぎっしりと電子が詰まっているわけですが、金属に電池をつなぐと電流が流れます。あとで理由を説明しますが、実は、このとき流れる電子は、フェルミエネルギー付近のエネルギーレベルに入っている電子だけ、つまりフェルミ面近傍の電子だけなのです。フェルミエネルギーよりずっと低いエネルギーレベルに入っている電子は電流として流れません。速度でいえば、電流として流れる電子は、フェルミ速度付近の速さで動き回っている電子たちだけなのです。

ちょうど速度制限40㎞/hの道路では、多くの車がだいたい40㎞/hの速さで走るのと同じです。すべての車が厳密に40㎞/hのスピードで走っているわけでなく、35㎞/hの車もあれば45㎞/hの車もあるのは想像できるのでしょう。しかし、それより大幅に速い車や極端に遅い車は見かけません（皆さん交通規則を守っているので）。

電流として流れるのは一番上の電子たちだけ

同様に、金属のなかを電流として流れる電子もフェルミ速度に近い速さで動き回っている電子に限られ、それよりずっと遅いスピードで動いている電子は電流として流れていません。また、フェルミエネルギーより高いエネルギー準位には電子はいないので、もちろん電流には寄与しません。ですので、フェルミエネルギー程度のほぼ一定の運動エネルギーで動き回っている電子たちだけが電流になります。

なぜ、電流として流れる電子は、フェルミ速度に近い速さで動き回っている電子に限られるのでしょうか。それより遅いスピードで動いている電子はなぜ電流に寄与しないのでしょうか。

物質に電池をつなぐと電場ができ、すべての電子がその電場によって正電極に向かって走り出すはずだと思うでしょうが、実際にはそうではありません。たしかに、電池の電場によって、ある電子は正電極のほうに引き付けられてスピードアップして流れ始めます。つまり、加速されて速度が上がるので、運動エネルギーが増えます。しかし、フェルミエネルギーよりずっと下のエネルギーレベルに収容されている電子たちはエネルギーを上げることができません。なぜなら、前に述べたように、フェルミエネルギーよりずっと低いエネルギーレベル（フェルミ球の内部）はどこも満席状態になっているので、自分が今いるエネルギーレベルのすぐ上の状態も満席になっており、そのため、上のエネルギーレベルに上がれない、つまり、運動エネルギーが増えることができないのです。満員電車のなかで走り出そうとしても前に進めないのと同じです。会社のなかで昇進しようとしても先輩たちがいるので上に上がれないのと同じです。

ですので、エネルギーの低い電子たちは、電池の電場によって加速されません。加速されるのは、フェルミエネルギー付近の電子だけ、つまりフェルミ面付近にいる電子だけとなります。なぜなら、図4・2で述べたように、フェルミ面より上のエネルギーレベルは空席になっていてそこには電子がいませんので、それよりちょっと下のエネルギーレベルにいた電子を受け入れることができるからです。よって、フェルミエネルギー付近の電子だけが加速されて少し上の空席のエネルギーレベルに移ることができるのです。その結果、これらの電子たちだけが電流となります。つまり、図4・1（c）に描いたちょっと厚みをもった球殻によって表される電子たちだけが電流となりますが、フェルミ球の内部にびっしりと詰まっている電子たちは身動きがとれないので電流になりません。

電流とはバラバラに動く電子の流れ

しかし、電池をつないで、たとえば、y方向に電場がかかると、いままでバラバラな方向に動いていた電子たちが一斉にy方向に動き出すわけではありません。それぞれの電子の速度のy方向の成分であるV_yの正の向きの値がほんの少しだけ大きくなり、V_yの負の向きの値がほんの少しだけ小さくなります。その結果、電子全体でyの正方向に流れていくことになるのです。これが電流です。

電流は電子の流れだということは中学校の理科で習ったと思いますが、その電子は、一方通行の道路を走る多数の車のように、一定方向にスーッと動いているわけではありません。多数の電子がそれぞれ勝手な方向に動いているのですが、そこに電場をかけると、電場の方向の速度成分がほんの少しだけ増え、その方向に全体で電子が流れるのです。それは、図4・1（d）に示すように、フェルミ球がほんの少し、その方向にずれることで表現されます。yの正方向に向かうベクトルがやや長くなり、yの負の方向に向かうベクトルがやや短くなって、全体として、yの正方向に電子が流れるということです。しかし、個々の電子は依然としてバラバラな方向に動いていることは変わりません。

このように、電場を印加することで、速度空間のなかでどのぐらいフェルミ球がずれるのか、ずれた部分の体積を計算することによって、何個の電子が流れて電流になっているのか正確に知ることができます。そうすると、1秒間に流れる電子の個数と電気伝導度の値から、1個1個の電子がどのぐらいのスピードで流れているのかも計算できます。このように、速度空間での表現を使うと、現象の核心的な性質を正確にとらえることが可能になりますので、実空間での表現（たとえば図4・1（a））よりずっと有用なのです。

4・3 電子の速さとエネルギーの関係

速度空間で考えたフェルミ球は、その表面、つまりフェルミ面にいる電子がフェルミエネルギーという一定のエネルギーをもつことを意味しました。速度の方向はバラバラですが、その運動エネルギーが一定になっている電子たちを意味していました。

さて、今度は、電子の運動の速さとエネルギーの関係を考えてみます。速度が速くなれば運動エネルギーが増えるのは当たり前ですが、実は2種類の増え方があります。

3・5節で少し述べましたが、野球ボールや自動車のような普通の物体では、動く速さVが2倍、3倍、4倍、……となると、運動エネルギーEは、4倍、9倍、16倍、……になると説明しました。つまり、運動エネルギーは速さの2乗に比例するのです（$E \propto V^2$）。多くの物質のなかの電子もこの性質をもっています。

そして、同じ速度Vでも、質量Mが重い物体ほど運動エネルギーは大きくなります。同じ40km／hで走るオートバイとトラックを比べてみればわかるでしょうが、それが電柱にぶつかったときの衝撃はトラックのほうがずっと大きいことが想像できるでしょう。つまり、同じ速度で走っていても、質量の重いトラックのほうが運動エネルギーは大きいのです。

以上をまとめると、物体が動いているとき、その運動エネルギーは、速度の2乗に比例し、しかも質量（の1乗）にも比例するのです（$E \propto M{\cdot}V^2$）。

このような関係をグラフにすると、図4・3（a）のようになります。横軸が速度V、縦軸が運動エネルギーEです。中学校の数学で習った2次関数の曲線となります。横軸の値が2倍、3倍、……になると、縦軸の値が、4倍、9倍、……となっています。

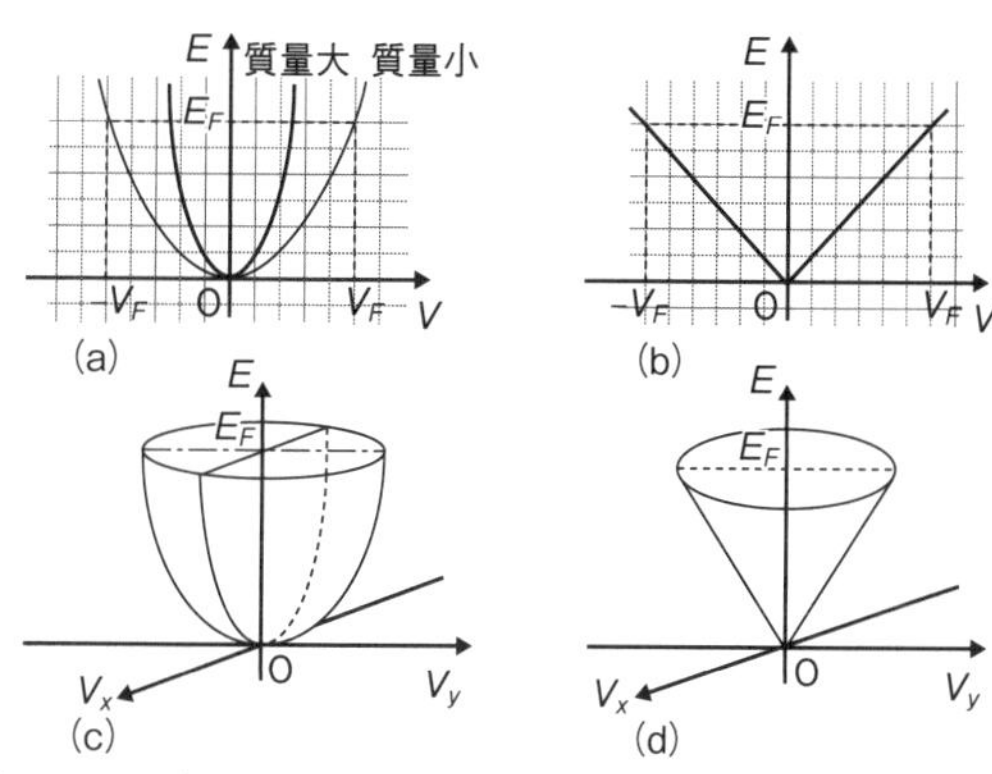

図4.3 エネルギー分散図。(a) シュレディンガー電子。(b) 質量ゼロのディラック電子。(c) (d) 速度の*x*成分と*y*成分を考えた場合の、それぞれの電子のエネルギー分散図。

そして、質量が2倍の物体と比べると、同じ速度のとき、運動エネルギーは2倍になりますので、さらに反り上がった2次関数の曲線になります。この様子は、オートバイやトラックに限らず、電子にも当てはまります。つまり、同じ速度で走る電子でも、質量の重い電子のほうがエネルギーは大きいのです。

重い電子、軽い電子

すでに3・5節で簡単に述べたように、結晶のなかでは見かけ上、質量の違う電子が存在するのです。真空中を走る電子の質量は常に一定値です。9・109×10^{-31} kgと想像できないほど軽いのですが、常にこの値です。ところが、物質のなかを動き回る電子の質量は見かけ上、重くなったり軽くなったりするのです。つまり、1・5ボルトの乾電池を物質につないで電流を流したときに、そのなかの電子がすぐに加速されてスピードアップする物質と、そのなかの電子がなかなか加速されない物質があるのです。すぐに加速される電子の質量は軽く、なかなか加速されない電子の質量は重いとみなせます。ですので、物質のなかでは見かけ上、電子の質量が軽い場合も重い場合もあるのです。その違いが、図4・3（a）の2つの曲線で表されます。この見かけの電子の質量を「**有効質量**」と呼んでいます。有効質量が大きい電子の場合、その物質では電子の動くスピードが遅いので電流が流れにくく電気抵抗が高いのですが、反対に有効質量が小さな電子をもつ物質では、同じ電圧でも電子のスピードが速いので電流がよく流れ、電気抵抗が低くなります。

質量ゼロの電子

次にもう一つのタイプの速度とエネルギーの関係を紹介します。そのため、質量ゼロの物体を考えてみましょう。上述のように運動エネルギーは質量Mに比例するので、質量$M=0$の物体の運動エネルギーは速度にかかわらず常にゼロになるはずです。しかし、3・5節で述べたように、グラフェンのなかの電子は質量ゼロですが、その運動エネルギーは速度（の1乗）に比例して大きくなります。つまり、その動く速さが2倍、3倍、4倍、……となると、その運動エネルギーも2倍、3倍、4倍、……になります（$E \propto V$）。

その速さと運動エネルギーの関係を図に描くと図4・3（b）となります。（a）の2次関数と違って（b）では直線、つまり1次関数となります。ですので、図4・3（a）の考え方では、質量ゼロの電子の場合の速度と運動エネルギーの関係を理解することはできません。図（b）のような関係をもつ電子を「**ディラック電子**」、図（a）のような電子を「**シュレディンガー電子**」と呼びます。

実は、図4・3（b）の関係は、アインシュタインの相対性理論を取り入れた理論で説明されますが、一方、図4・3（a）は相対性理論を考慮していない理論で理解されます。相対性理論は物体の動く速さがものすごく速く、光の速さに近づくときに有効になってきますので、物体の運動の速さがそれほど速くないときには考慮する必要はありません。しかし、物質によっては、そのなかの電子の動く速さが光の速さよりずっと遅いにもかかわらず、見かけ上、相対論を使わなければ説明できない状態が存在するのです。それが実際にグラフェンで発見され大きな驚きを生んだので、2010年のノーベル物理学賞がその発見に贈られたのです。

本書のテーマであるトポロジカル物質でも、図4・3（b）のようなディラック電子が主役を演じます。通常の物質の多くは図4・3（a）のシュレディンガー電子になっています。グラフの形から、ディラック電子とシュレディンガー電子では何か根本的に性質が違うようだと感じられるでしょう。

ちなみに、オーストリアのエルヴィン・シュレディンガーとイギリスのポール・ディラックは、仲良く一緒に1933年のノーベル物理学賞を受賞しています。シュレディンガーは、ド・ブロイが提唱した電子の波動を記述する「**シュレディンガー方程式**」を考え出し、ディラックは、それとアインシュタインの相対論を結び付けた「**ディラック方程式**」を考え出しました。それぞれ上述の2種類の電子、シュレディンガー電子とディラック電子の様子を表すことができるようになったので彼らの名前がつけられています。

エネルギー分散図—物質の性質を表す地図—

さて、4・1節で述べたように、物質内部での電子の速度には最高速度があり、それをフェルミ速度と呼びました。それは図4・3（a）（b）ではV_Fと書かれています。これは図4・2に描いた運動量空間でのフェルミ球の半径です。フェルミ速度のときの運動エネルギーをフェルミエネルギーと呼びました。それは図4・3ではE_Fと書かれています。

図4・3（a）（b）は、ある方向（たとえばx軸方向）の速度VとエネルギーEの関係ですが、図4・1に描いたように、速度はx、y、z軸方向の3成分V_x、V_y、V_zをもっていますので、それを考えると、図4・3（a）（b）のようなエネルギーと速度の関係の図は、V_x、V_y、V_zとエネルギーEの4つの軸の図、つまり4次元の図になります。しかし、4次元の図は私たちが住んで

いる3次元空間のなかでは描けません。

次善の策として３・５節で述べた2次元電子系の場合、つまり、電子が（x, y）平面内だけを動いている場合を図に描いてみましょう。このとき、速度の成分はV_xとV_yしかありませんので、その2つの軸にエネルギーEの軸を加えればいいわけです。その結果、図４・３（c）（d）のような立体になります。図（c）では、V_xに対してもV_yに対しても、あるいはその他の方向の速度に対しても、エネルギーは常に速さの2次関数の形になっています。この曲面は回転放物面といいます。図（d）では、円錐（えんすい）状の形になっており、どんな方向の速度に対してもエネルギーは速度に比例していることが表現されています。この円錐は「**ディラック錐**（すい）」と呼ばれています。

このように、電子の速度とエネルギーの関係を表す図は一般に「**エネルギー分散図**」と呼ばれ、物質内の電子の特徴がよくわかるので頻繁に使われています。これらの図は実空間での図ではなく、速度とエネルギーを軸にとった図です。このようなバーチャル空間での図は慣れると大変便利です。

また、現実の物質では、単純な回転放物面や円錐ではなく、たとえば、ある方向に引き伸ばされた放物面や円錐になったり、放物面と円錐の中間のような形になったりすることもあります。その形によってそれぞれの物質中での電子の特徴が表現されます。

4・4　電子の運動量と波長、波数—粒子の性質と波の性質—

ここまでは電子を、野球ボールやトラックのような物体、つまり、粒子のイメージで考えてきました。ところが、1・4節で述べたように、電子のようなミクロな物体では波動性が顕(あらわ)に現れてきます。つまり、波としての性質も重要になってきます。

物質の波動性を最初に提唱したド・ブロイの理論によると、電子に限らず、物体はすべて波動性を示すので、一般に「**物質波**」と呼ばれています。この波の波長は、物体が動く速さが速いほど短くなり、かつ、物体の質量が重いほど短くなります。ですので、物体の質量mと速度vの積を考えると便利です。これは「**運動量**」と呼ばれます。

運動量p＝質量m×速度v

運動量と波長は逆数の関係—ド・ブロイの公式—

つまり、物質波の波長は運動量に反比例するというのがド・ブロイの理論です。別の言い方をすると、波長と運動量の積は一定値になると言えます。その一定値は**プランク定数**という決まった値です。

運動量p×波長λ＝プランク定数h　（ド・ブロイの公式）

それは電子であろうが陽子であろうが一定値であり、量子物理学の基本的な定数です。波長は物質の波動性を表す量であり、運動量は物質の粒子性を表す量です。ド・ブロイの理論は、物質の波動性と粒子性という二面性をつなぐ関係を示しており、その関係がプランク定数という数で特徴づけられています。

運動量とは、言ってみれば、運動の勢いを表す量です。同じ質量の物体なら速度が速いほど勢いが強く、同じ速度なら質量の重い物体ほど勢いが強いと言えます。運動エネルギーに近い意味合いと思うでしょうが、運動エネルギーは運動の方向には関係ないのですが、運動量は運動する向きを示すベクトルで表されます。運動量という量はとっても便利で、量子物理学や相対論ではむしろ速度より本質的な役割をします。

前節で解説した電子の速度VとエネルギーEの関係（図4・3のエネルギー分散図）も、実は、電子の運動量pとエネルギーEの関係とみなしてもいいのです。つまり、図4・1や図4・3で速度の軸（V_x, V_y, V_z）を運動量の軸（p_x, p_y, p_z）に置き換えても全く同じ形になります。つまり、

図4・3（c）（d）で示したエネルギー分散図で、シュレディンガー電子は2次関数の回転放物面、ディラック電子は円錐状の形をもつことは、速度の軸を運動量に変えても全く同じです。また、図4・1（b）（c）（d）は速度空間での表現でしたが、速度に質量を掛け算した運動量を座標軸にとっても同じことが表現できるので、**「運動量空間」**での表現とみなしてよいのです。いろいろな現象を速度で説明するより、運動量で説明するほうが正確なのです。

話を物質波に戻します。前出のド・ブロイの公式から物質波の波長は運動量に反比例するので、運動量が増えるほど、波長は短くなります。そして、波長が極微の長さになると波動性を感じなくなります。

私たち人間の体のような巨視的な物体も原理的には波動性をもっているのですが、波動性を感じることは全くありません。ゆっくり歩いていたとしても質量が重く、その運動量が（電子に比べれば）非常に大きいので、人体の物質波としての波長は極めて短く（原子や原子核のサイズよりずっと短い）、波動性が現れてこないのです。一方、電子はミクロな物体で質量がとっても軽いので、運動量が非常に小さく、そのために波動性が顕に出てきます。その波動性のおかげで、原子や分子のなかの電子軌道の安定性を保証してくれました（1・4節参照）。

運動量と波数は同じもの

海岸に打ち寄せる海の波を思い出してください。波頭と波頭の間の間隔が「**波長**」です。海の波の波長は数メートル程度ですが、電子の波の波長は1ナノメートル程度かそれ以下で、原子の大きさと同程度かそれより短くなります。

一方、1メートルの間にいくつの波頭があるか、その波頭の数を「**波数**」と呼びます。波長が短いほど1メートルの間に多くの波頭があることになりますので、波数は波長に反比例します。

そうすると、前に、運動量は波長に反比例するのでしたし（ド・ブロイの公式）、今度は、波数は波長に反比例するということですので、結局、波数は運動量に比例することになります。つまり、運動量は運動の勢いを表す量でしたが、波の言葉で言えば、波の勢いは波数で表現されると言えます。確かに、海岸の波で考えると、波長が短く（つまり波数が大きく）、波が次々と絶え間なく打ち寄せてくるほうが海岸を早く浸食するでしょうから、トータルとして波の勢いは強いと言えるでしょう。つまり、運動量と波数は、運動の勢いをそれぞれ粒子描像と波動描像で言い表している量なのです。

また、図4・1（b）（c）（d）は速度空間での表現で、同じことを運動量空間で表現できると言いましたが、運動量と波数が比例するので、この図を「**波数空間**」での表現と呼ぶことも多いのです。そうすると、図4・3で、速度の軸の代わりに運動量や波数を使って描いたエネルギー分散図も全く同じ形になります。速度空間、運動量空間、波数空間は、ほとんど同じだと思ってかまいません。私たちが住む実空間とは違ったバーチャル空間ですが、自由電子だけでなく次章で述べる化学結合を作る電子まで含めて、電子の振る舞いを表すのに便利な表現法なのです。ですので、フェルミ速度に対応する、フェルミ運動量、**フェルミ波数**、**フェルミ波長**という術語が出てくるのは自然です。

第５章 バンド構造―物性科学の基礎―

５・１ 化学結合を作る電子たち―バンド―

ここまでは物質のなかを動き回っている自由電子の様子を、粒子描像と波動描像の両面から説明しました。

しかし、第2章で説明したように、電子は、物質のなかで隣接する原子どうしを結びつける化学結合を作る主役でもあります。たとえば共有結合の場合、その結合を作っている電子は、物質のなかを動き回ることなく、結合している原子と原子の間にとどまるのでした。2・2節ではこの状態を「局在する」と呼びました。それでは、そのような電子のエネルギー状態を表現する方法を考えてみます。

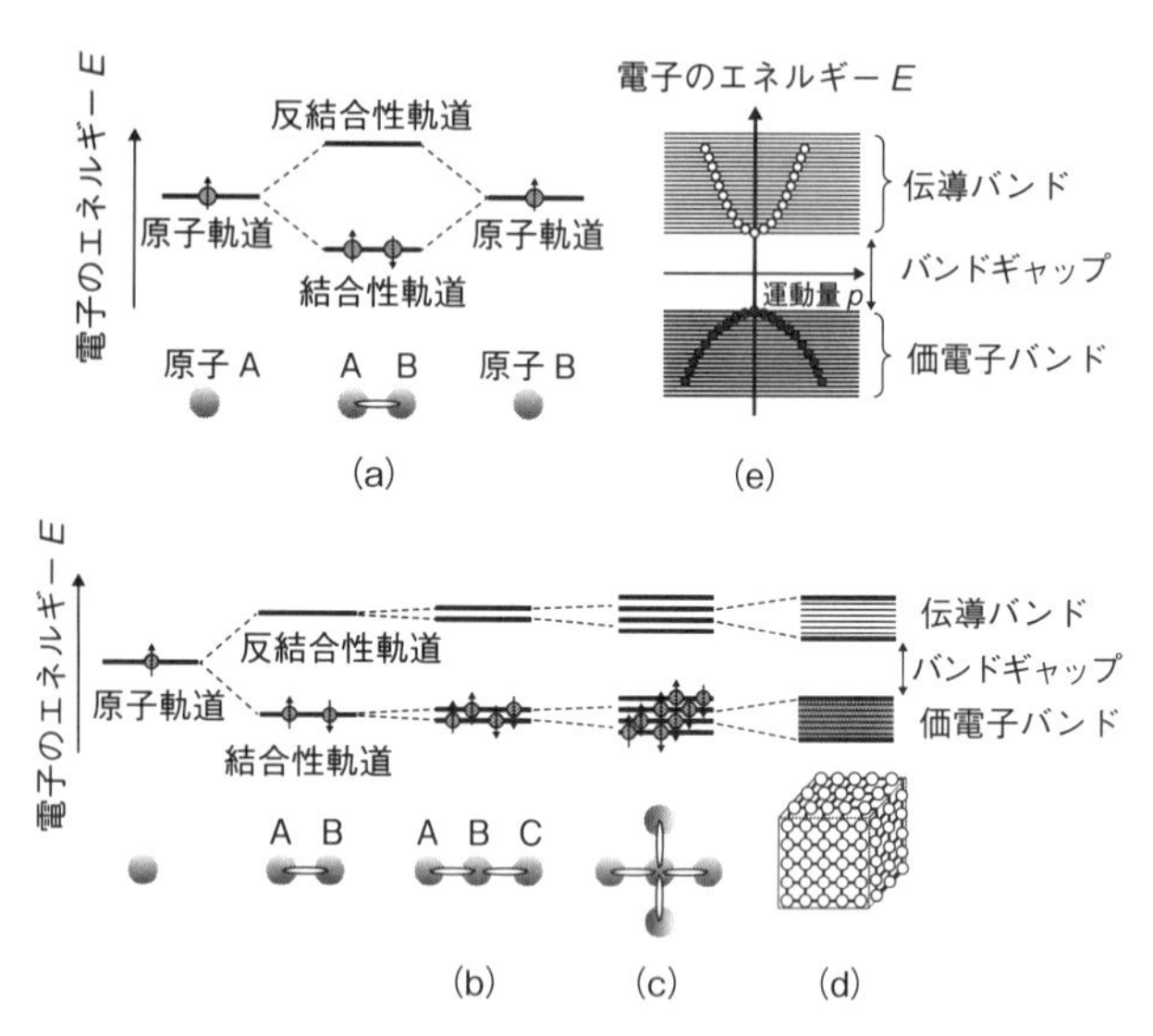

図5.1 原子結合からバンドへ。(a) 2原子の結合、および (b) 3原子、(c) 5原子の結合の電子エネルギー。(d) 結晶の電子エネルギーを表すバンド。(e) バンド分散図。

結合と反結合のエネルギーレベル
―電子の座席―

共有結合を作るときの電子エネルギーの変化を図で表すなら、図5・1(a)となります。同じ種類の2つの原子AとBが十分近づくと、それぞれの原子の電子軌道に入っている価電子1個ずつが共有結合を作って、エネルギーの低いエネルギーレベルを作り、そこに2個の電子が仲良く入ります。この2つの電子が、原子どうしを結合する「手」の役割をします。「手」を結んで安定化するので、エネルギーの低い状態になり、電子は2つの原子の間に局在するのです。エネルギーが低くなったこの状態を「**結合性軌道**」と呼びます。そこに入った2個の電子は、前に述べたパウリの排他原理によって、必ずスピンの向きが逆向きになります。

しかし、たとえば十分高いエネルギーの光を物質に照射すると、結合性軌道に入っていた2個の電子は、エネルギーの高い状態に打ち上げられ（「励起」するといいます）、2つの原子の間には局在せず、結晶内を自由に動き出します。そうすると、この電子はもはや原子の間を結び付ける「手」の役割をしなくなりますので、原子間の共有結合が切れるのです。

この励起された電子のエネルギー状態を表すのが、図5・1（a）の「**反結合性軌道**」と書かれたエネルギーレベルです。ここに電子が励起されると原子間の結合が切断されます。図5・1（a）の縦方向が電子のエネルギーの高さを表す軸になっています。孤立していた原子の原子軌道に比べ、結合性軌道はエネルギーが低く、反結合性軌道はエネルギーの高い状態になります。

ですので、原子Aと原子Bが結合しているときには、2個の電子が結合性軌道に入り、結合性軌道は満席となりますが、反結合性軌道は空席のままになっています。励起されたときに備えて空席になっていますが、反結合性軌道には席がちゃんと用意されています。

次に、図5・1（b）のように、3つの原子A、B、Cが結合を作るとエネルギー状態はどうなるでしょうか。原子Aと原子Bの間、それに原子Bと原子Cの間の結合は、それぞれ上に述べた2原子の結合の場合と同じですから、それぞれの結合で図5・1（a）のようなエネルギー状態になっているはずです。つまり、それぞれの結合性軌道に2個の電子が入っているはずです。その結果、A－BとB－Cの2つの共有結合があるので、合計で4個の電子が結合性軌道に入ることになります。

しかし、ここでもまたパウリの排他原理が効いてきます。つまり、同じエネルギーレベルに入れる電子は2個（上向きスピンの電子と下向きスピンの電子）に限られますので、4個の電子が同じ結合性軌道に入ることはできません。しかたないので、結合性軌道がほんのわずかエネルギーの違う2つのエネルギーレベルに分裂して、それぞれに2個ずつ電子を収容することになります。

これに対応して、反結合性軌道もほんの少しエネルギーの違う2つの反結合性軌道に分かれて、合計で4つの電子を受け入れられる席を準備します（図5・1（b））。ここでも反結合性軌道が空席のままなのは図（a）と同じです。

結合している原子がさらに増えると、図5・1（c）に示すように同じことが起こり、結合性軌道が分裂して結合の数だけのエネルギーレベルができます。それらはほんの少しだけエネルギーの異なるレベルです。そして、それぞれのレベルには2個ずつ電子が収容されて満席状態になります。反結合性軌道のほうも、これに対応して同じ数のエネルギーレベルに分裂しますが空席のままです。

エネルギーレベルからバンドへ

この延長として結晶を考えます。結晶はアボガドロ数個程度の膨大な数の原子で構成されていますが、隣接する原子どうしでそれぞれ結合を作り、次々と原子がつながっています。そうすると、結合性軌道がアボガドロ数個程度の膨大な数のエネルギーレベルに分裂します。各エネルギーレベルはほんのわずかずつエネルギーが違います。結合性軌道がアボガドロ数個のエネルギーレベルに分裂するので、各エネルギーレベルのエネルギー差は限りなく小さな値になるでしょう。しかし、依然としてそれぞれのエネルギーレベルには2個の電子しか収容できませんので、膨大な数のエネルギーレベルが必要なのです。1つのエネルギー状態には2個の電子しか入れないというパウリの排他原理のためにこのようなことが起こるのです。

その結果、結合性軌道から分裂した膨大な数のエネルギーレベルの集まりは、あるエネルギー幅をもった帯（バンド）になります（図5・1（d））。そのバンドのなかにアボガドロ数個程度の膨大な数の電子が収容されてギュウギュウの満席状態になっています。反結合性軌道も同様にエネルギーのわずかに違った膨大な数のエネルギーレベルに分裂して、それらの集まりがバンドになりますが、それらはすべて空席状態のままです。

結合性軌道からできた満席状態のバンドを「価電子帯（**価電子バンド**）」、反結合性軌道からできた空席状態のバンドを「伝導帯（**伝導バンド**）」と呼びます。

価電子バンドと伝導バンドの間のエネルギー差は「**バンドギャップ**」あるいは「**禁制帯**」と呼ばれていて、そのエネルギー領域には電子が入れないことを示します。このバンドギャップは、図5・1（a）に戻ればわかりますが、原子と原子の結合によって安定化したエネルギーのおよそ2倍になります。ですので、原子がお互いに強く結合しているダイヤモンドではバンドギャップが大きく（絶縁体）、原子間の結合が比較的弱いゲルマニウムではバンドギャップが小さいのです（半導体）。このように、結晶のなかで原子を結び付けている電子のエネルギーの様子をよく表現しているので、このような「**バンド図**」がよく使われます。

たとえば光を当てると、価電子バンドの電子が光のエネルギーをもらってエネルギーが上がり、伝導バンドに励起されます。そうすると、原子と原子の間に局在していた電子は自由を得て物質中を動き回る状態になります。ですので、伝導バンドにいる電子は試料の両端に電圧をかけると電流として流れることができます。これが太陽電池や光センサーの原理です。つまり、価電子バンドにいる電子は動けないが、伝導バンドに励起された電子は電流となって流れることができるのです。逆に伝導バンドに電極から電子を流し込むと、価電子バンドに空席がある場合、そこに電子が落ち込みます。そうすると、伝導バンドと価電子バンドのエネルギー差、つまりバンドギャップに相当するエネルギーが光となって放出されます。これが発光ダイオード（LED）です。

このようなバンド図を使うと、バンドギャップの大きさから価電子バンドから伝導バンドに電子を励起するために必要な光のエネルギーがわかったり、逆に、電流を流したときに発光する光のエネルギーがわかったりと、とても便利なのです。

5・2 電子と正孔

前節で述べたように、バンドギャップより大きなエネルギーをもつ光を物質に照射すると、価電子バンドの電子が伝導バンドに励起されます。このとき、ある1個の電子に注目すると、その電子が価電子バンドにいたときの席が空席になります。つまり、ある場所の共有結合を作っていた電子が励起されていなくなってしまったので、その場所の結合性軌道が空席になり、その結果、その共有結合は切断されてしまいます。

しかし、その場所の共有結合が切断されると、その隣の共有結合まで影響されますので、隣の共有結合を作っている電子がすぐに空席に飛び移ってきて、結合が切断されるのを防いでくれます。ということは、今度は隣の共有結合が空席になります。つまり、ある場所の共有結合にできた空席が、隣の結合の場所に移ることになります。そうすると、今度はその場所の結合が危うくなりますので、さらにその隣の共有結合の電子が空席に飛び移ってきて、そこの結合を切断しないようにします。つまり、空席がさらに隣の場所の結合に移るのです。

このようにして電子が抜けた空席がバケツリレーのように次々と隣の結合に移動して、その結果、物質のなかを動き回ることになります。空席の移動は隣の電子が飛び移ることによって引き起こされますので、空席の動く向きと逆向きに電子が動いていることになります。この空席を「**正孔**（せいこう）（hole、ホール）」と呼びます。電子の抜けた穴なので、まるで正電荷をもった粒子のように見えます。また、後で述べますが、正孔は電子の動きと逆向きに動くので、正孔の質量を負とみなすと便利です。

そうすると、物質の両端に電極をつけて電池をつないで電流を流すと、この正孔は負電極に引き付けられるように価電子バンドのなかを動きます。一方、伝導バンドに励起された電子は負電荷をもっていますので、正電極のほうに引き付けられるように流れます。両者の流れは、反対符号の電荷が反対方向に流れていますので、相殺せずにむしろ加算されて、全体として電流になって2倍の電荷を運びます。

伝導バンドで電子が、価電子バンドで正孔が動く

自由に動く電子を表現するのが図4・3でした。エネルギーと速度（運動量、あるいは波数）との

関係が2次関数（回転放物面）となる図4・3（a）（c）で表されます（まずは質量がゼロでない普通の電子を考えましょう）。そうすると、伝導バンドに励起された電子の運動量とエネルギーの関係は図5・1（e）の伝導バンドに描いたような2次関数曲線になります。横軸は速度の代わりに運動量にしています。

一方、価電子バンドにできた正孔は電子の抜けた穴なので、質量が負で電荷が正の粒子とみなせます。そうすると、その運動量とエネルギーの関係は、図5・1（e）の価電子バンドに描いたように、伝導バンドの2次関数曲線とは逆の下向きの曲線となります。つまり、正孔の運動量が大きくなると、負のエネルギーが大きくなるということになります。

この図5・1（e）の縦軸は電子のエネルギーを表しており、上にいくほど電子のエネルギーが高いことを意味しています。しかし、ホールは電子の抜けた穴ですので、ホールのエネルギーを表現するには、このバンド図の縦軸が逆向きになるべきで、縦軸をそのように解釈すると下にいくほどホールのエネルギーが大きいとみなせます。

正孔の直感的な理解の仕方として、電子を水、正孔を水中にできた泡（あわ）で置き換えるといいでしょう。重力のせいで、水は上にいくほどエネルギーが高くなり、下にいくほどエネルギーが低くなって安定になります。逆に水中にできた泡は、自然と上に上がっていきますので、上の場所ほどエネルギーが低く、水中で深いほどエネルギーが高いのです。よって泡は負の質量をもっていると言ってもいいのです。電子と正孔の関係も同じです。電子は図5・1（e）の伝導バンドの2次関数曲線の底にいるときがもっともエネルギーが低く、逆に、正孔は価電子バンドの逆向きの2次関数曲線の頂上にいるときがもっともエネルギーが低いのです。

図5・1（e）に示したように、バンド図の中身は、実は図4・3に示したようなエネルギーと運動量の関係を示しています。ただし、伝導バンドでは電子の振る舞いを、価電子バンドでは正孔の振る舞いを表現しています。横軸が電子またはホールの運動量、縦軸がエネルギーなので、このようなエネルギー分散図をとくに「**バンド分散図**」、あるいは単にバンド図と呼びます。このバンド分散図では、図4・3（a）で見たように、曲線の反り返り度合いで電子や正孔が動くときの有効質量がわかります。バンド分散図は物質の性質を調べるとき、もっとも基礎となる重要な情報を与えてくれますので、いろいろな物質を調べる場合、実験でも理論でも、まずはこのバンド分散図がどうなっているのか調べるのが研究の第一歩なのです。

—5・3— 再び金属、絶縁体、半導体—バンド分散図で見る—

第2章の2・1～2・3節では、金属、絶縁体、半導体の違いを、実空間での電子の振る舞い

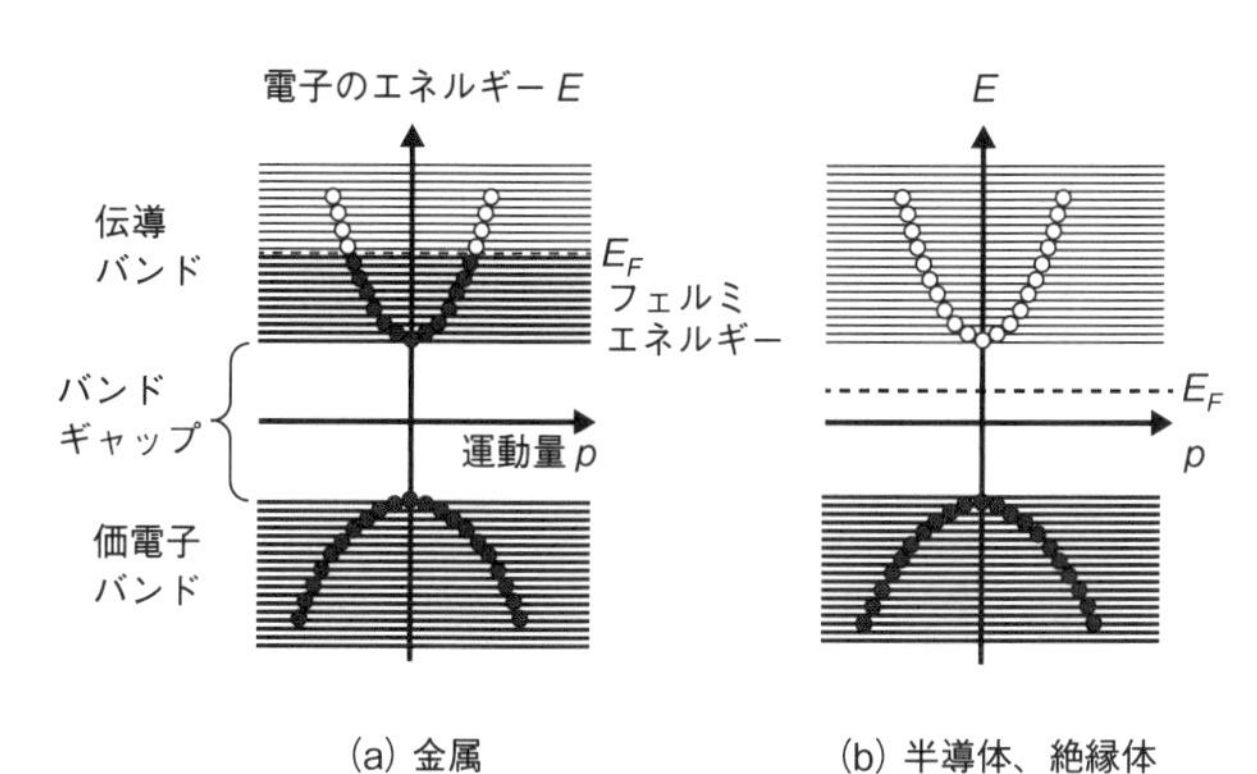

図5.2 金属と絶縁体・半導体のバンド図。黒丸が占有された電子状態、白丸が非占有の電子状態を表す。

の違いで説明しました。しかし、そのような実空間での理解は直感的で理解しやすいのですが、電子のエネルギーに関する正確な情報は与えてくれません。

フェルミ準位まで電子が詰まる

前節で述べたバンド図（図５・１（e））とそこへの電子の詰まり方を考えると、金属、絶縁体、半導体の違いが明快にわかります。図５・２（a）に示すように、金属では、伝導バンドの途中にフェルミエネルギーE_Fがあって、そこまで電子が詰まっています。フェルミエネルギーのエネルギー準位を**フェルミ準位**といいます。つまりフェルミ準位がバンドの途中のエネルギー位置にあるのが金属といえます。ですので、フェルミ準位にある電子は、そのすぐ上のエネルギーレベルが空席なので、非常に小さなエネルギーをもらうとすぐに上のエネルギーの状態に移ることができます。たとえば、電池をつないでほんの少しだけ加速すると、その電子はエネルギーが増えるのでフェルミ準位の少し上の空席に入ることができて、その結果、電流として流れます。

これに対して、図5・2（b）に示すように、絶縁体または半導体では、E_Fがバンドギャップのなかに位置します。そのため、フェルミ準位よりエネルギーが下のバンド（価電子バンド）はすべて電子によって占有されていますが、フェルミ準位よりエネルギーが上のバンド（伝導バンド）は空席（非占有）状態になっていて電子は全くいないことになります。しかも、価電子バンドと伝導バンドの間にはバンドギャップがありますので、価電子バンドの頂上のエネルギーレベルにいる電子がエネルギーをもらったとしても、バンドギャップ以上のある程度大きなエネルギーをもらわないと伝導バンドまで励起されません。逆の言い方をすると、バンドギャップより小さなエネルギーをもらおうとしても、価電子バンドにいる電子はエネルギーをもらえないのです。絶縁体ではバンドギャップが比較的大きく、半導体では小さいという違いはありますが、金属のようにほんのわずかなエネルギーで電子が空席のエネルギー状態に励起されるということはないのです。これが、絶縁体に電池をつないで電子を加速しようとしても加速されず、その結果、電流が流れない理由です。また、バンドギャップのエネルギーより小さいエネルギーの光を当てても価電子を伝導バンドに励起できないので光は吸収されず、そのまま透過します。可視光よりエネルギーの大きなバンドギャップをもつダイヤモンドやガラスが透明なのは、このような理由で光が吸収されないからなのです。

このように、フェルミ準位の位置がバンド内にあるのかバンドギャップ内にあるのかで、電子の振る舞いが著しく違うことになります。これが金属と絶縁体（半導体）の違いです。

このように、バンド分散図は一種のバーチャル空間での図ですが、物質の性質をよく表し、電池をつないだときや光を当てたときにどうなるのか、すぐに説明することができるので、頻繁に利用されるのです。

第7章で述べますが、トポロジカル絶縁体と呼ばれる物質は、この価電子バンドと伝導バンドの上下関係が入れ替わるという奇妙なことが起こっている物質なのです。伝導バンドと価電子バンドがなぜ入れ替わるのか、入れ替わると何が不思議なのか、次の章で説明しましょう。いよいよトポロジカル物質の本題に入ります。

第Ⅲ部

トポロジカル物質とは何か

さて、いよいよ本書の主題であるトポロジカル物質の話に入ります。

トポロジカル物質は、驚くなかれ、世の中の時間の進み方が逆転したらどうなるのか、あるいは世の中の上下左右が逆転したらどうなるのか、といった奇想天外なことを考えて初めて理解できるものです。物理学では、このような時間の反転や空間の反転という、まさにＳＦみたいなことを頭のなかで考えて理論を組み立てます。そこから導き出された結論を見ると、実は、時間の進み方や空間の認識の仕方について、私たち人間がある種の先入観をもっていること、そのために当たり前のように見えていたことも実は当たり前ではなく、そこには深遠な理由があることがわかったりします。そして特殊な例外に気づくことがあります。その例外の一つがトポロジカル物質と言っていいでしょう。

物理学においては、物質のなかが、実は、そのような世の中の根本的なことを考えるのにとっても適した場所なのです。結晶のなかでは原子が規則的に並んでいますが、その並び方にはいろいろあって、上下左右を逆転（**空間反転**）しても原子の並び方が全く変わらない結晶もあれば、そのような空間反転によって違った原子の並び方に見える物質もあります。

自分の姿を洗面所の鏡に映したとき、自分が右手を上げると、鏡のなかの自分は左手を上げていることに気づくでしょう。ちょうどそのような違いが結晶構造にもあります。この違いが物質の性質の違いを生み出す場合があります。

基本に立ち返って考えなければ、当たり前のことが実は当たり前ではないということに気づかないものです。当たり前でない物質、それがトポロジカル物質なのです。つまり、全体としては時間の流れを逆転（**時間反転**）しても性質が変わらない物質なのですが、ある見方をすると時間反転すると違った性質を示すようにも見える物質、と言ってもいいかもしれません。多くの物質では、時間の流れを反転しても、たとえば電気抵抗の値が変わるということはありませんが、実は、磁石では、時間の流れを反転するとN極とS極が入れ替わります。しかし、突然このように言われても何を言っているのか理解できないでしょうから、順を追って説明していきましょう。

第6章 仮想磁場—電場が磁場に見える—

—6・1— 対称性 その1—時間反転対称性—

重力は時間の流れを反転しても同じ

野球ボールを空に向かって投げ上げると、速さがだんだん遅くなり、最高の高さに到達するところで動きが一瞬止まり、そこから今度は次第に速くなりながら落ちてきて手元に戻ってきます（図6・1（a））。これは、ボールに対して常に下向きの重力がはたらいているからです。この様子をスマートフォンで動画に撮影したとします。そして、それを再生するとき逆回しで再生してみます。つまり最後のシーンから時間を遡るように逆方向に再生します。そうすると、たぶん、その逆再生の動画を見ても何の違和感も覚えないでしょう。逆再生の動画と順再生の動画の区別

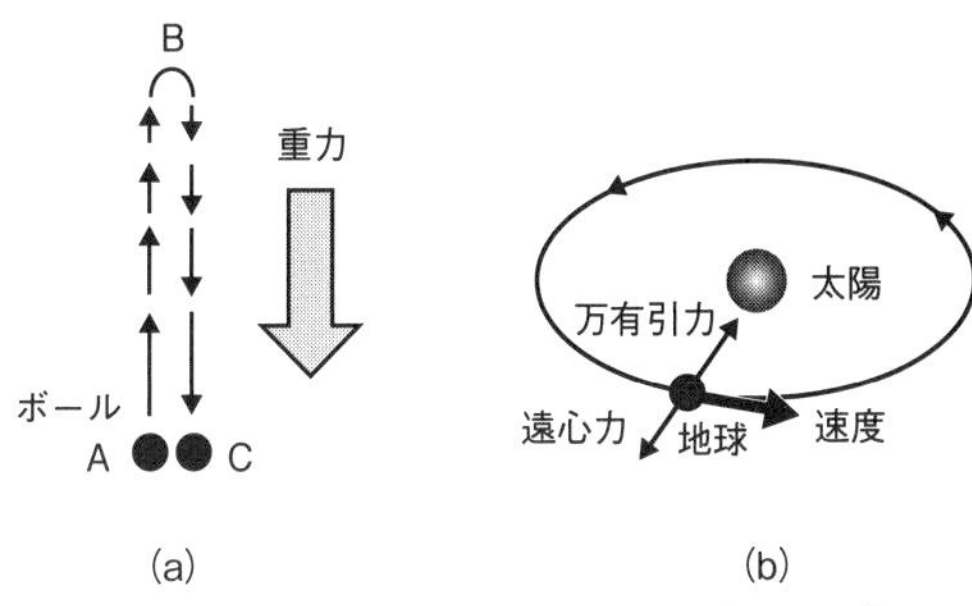

図6.1 重力場のなかでの物体の運動とその時間反転した運動。

が付かないからです（ボールを投げ上げる人の動作は映っていないとします）。なぜなら、逆再生と順再生では、ボールが上に上がっていく過程と最高点から落ちてくる過程で、ボールは全く同じ速度の変化をしているからです。つまり、時間の流れが逆になっても、運動の向きが逆になるだけで、全く同じ軌跡を同じ速度で通るのです。

このように、時間の流れを逆転しても、全く同じ軌跡を逆向きに全く同じ速度の変化をしながらたどる状態を「**時間反転対称性**」が保たれている、と呼びます。つまり、逆向きに再生した運動もニュートンの運動方程式で記述できるのです。重力は、時間反転対称性を保つ力です。時間の流れを反転しても物体にはたらく重力の向きも大きさも変わらないからです。

図６・１（b）のように、太陽の周りを回る地球は、太陽からの万有引力によって引き付けられ、それと釣り合う遠心力を感じて円運動します。その運動では、時間を逆転すると反対回りで回るだけで、これまたニュートン運動方程式には違反して

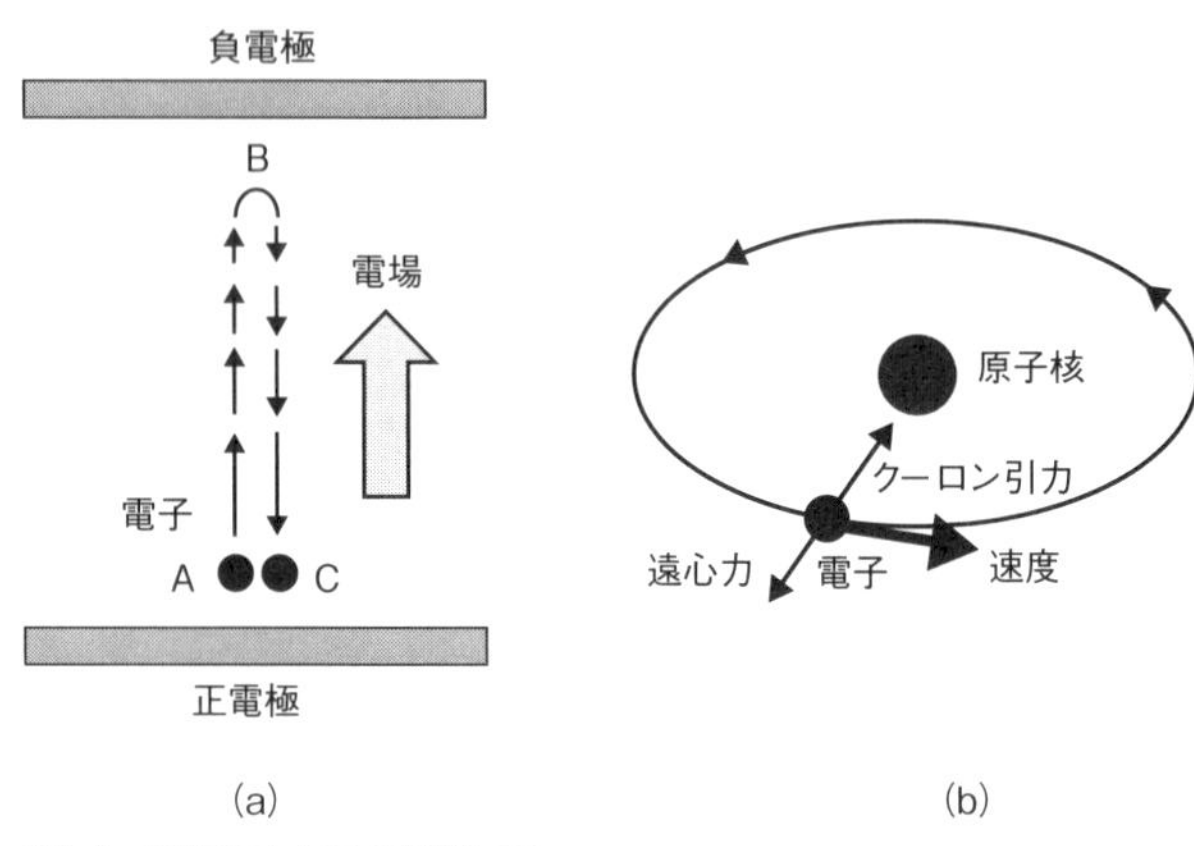

図6.2　電場のなかでの時間反転。

いません。ですので、時間反転した運動が可能で、全く同じ速度で同じ軌跡を、逆向きにたどります。時間反転対称性とはこのような意味です。

電場の効果も時間反転しても変わらない

電場も重力と同じであることは想像できるでしょうか。たとえば、図6・2（a）のように、正電極と負電極が向かい合わせになった平行平板コンデンサーを考えます。その間で電子をあるスピードで負電極に向かって打ち出します。電子は電場からクーロン力を受けて徐々にスピードが遅くなり、ある地点で止まってしまいます。そのあと、今度は反対向きに動き出し、正電極に向かってスピードを上げて走っていきます。この様子は図6・1（a）の野球ボールと全く同じ運動です。重力の代わりに電場からのクーロン力を受けるのですが、電場のなかでの電子の動き方は時間の流れを反転すると、全く同じ軌跡を逆向きに全く同じ速さの変化をしながらたどることになります。つまり、重力場と同じように電場のなかでは時間反転対称性が保たれていると言えます。

原子のなかでは、原子核の周りを電子が回っています（図6・2（b））。電子は負電荷をもっていますので、正電荷をもつ原子核からクーロン引力で引き付けられながら回っていますが、そのクーロン引力と遠心力がつりあって円運動をしています。このとき、時間を反転した場合を考えると、逆回りで全く同じ軌跡を描く円運動をすることになり、これまた、クーロンの法則やニュートン運動方程式に従った運動になっているので、実際に起こってもかまいません。

重力の場合はニュートンの万有引力の法則で力が表されますが、電場のなかではたらく力はクーロンの法則で表されます。この2つの法則は、質量と電荷の違いはあれ、全く同じようにはたらく力を表します。ですので、重力も電場も、はたらく力の向きや大きさが時間反転によって変わることがないので、時間反転対称性を保ちます。

磁場の効果は時間反転すると変わってしまう

さて、磁石の力、つまり磁場の場合はどうでしょうか。

磁場から受ける力は、図3・12で述べたローレンツ力という力でした。図3・12（a）に示した

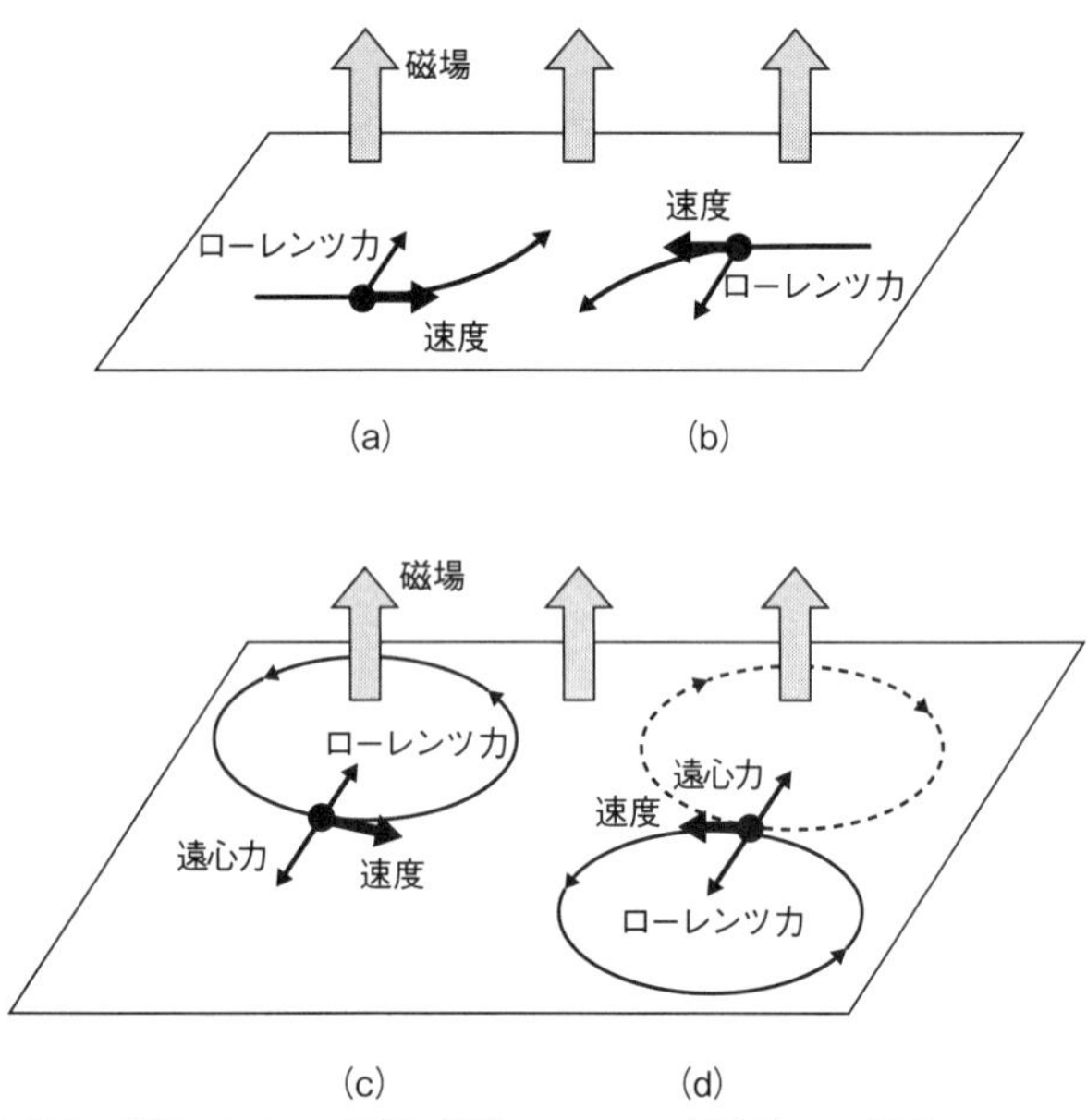

図6.3　磁場のなかでの電子の運動と、それを時間反転した運動。

フレミングの左手の法則によると、磁場（人差し指の向き）の中に置いた電線に電流を流す（中指の向き）と、磁場と電線の両方に対して直角方向の向き、図では上向き（親指の向き）の力が電線にはたらくというものでした。それを電子の運動に置き換えると、電流の流れる向きと電子の運動の向きは逆向きなので、図6・3（a）のように、ローレンツ力が電子の進行方向に向かって左向きにはたらき、その結果、電子の進路が左に曲がります。

この状態で時間を反転すると、電子の速度の向きが逆転しますので、磁場から受けるローレンツ力の向きも逆転し、その結果、図6・3（b）に示すように、これまた電子の進行方向に向かって左に曲がります。この運動は、図6・3（a）の軌跡を逆向きにたどる運動ではないことがわかるでしょう。図6・3（a）の運動の軌跡を逆向きにたどるには、電子は進行方向に向かって右に曲がらなければなりません。しかし、（b）では左側に曲がっていますので、（a）と同じ軌跡を逆向きにたどることはできません。つまり、磁場中での電子の運動に関して、時間を反転すると、同じ軌跡を逆向きにたどることはできず、全く違った運動になってしまうのです。この場合には時間反転対称性が破れていると言えます。

磁場が強力になるとローレンツ力が強くなって、電子は図6・3（c）に示すように円運動をします（サイクロトロン運動）。ローレンツ力が円運動の向心力になり、それと遠心力がつりあって反時計回りの円運動をします。電子の進行方向に向かって左向きにローレンツ力がはたらくので必ず反時計回りの円運動になります。このとき、時間を反転すると、同じ円を逆向きにたどる運動、つまり時計回りの円運動をするのでしょうか？

時間を反転すると図6・3（d）のように、電子の運動の向きが逆転します。そうすると、磁場から受けるローレンツ力も反対向きになります（しかし、進行方向に向かって左向きにローレンツ力がはたらくことは変わりません）。その結果、電子は、図6・3（d）の点線の円ではなく、実線の円をたどる円運動をすることになります。これは、よく見ると、図6・3（c）と同じ反時計回りの円運動になっています。つまり、磁場中での運動について、時間反転しても円運動の向きが変わらないのです。これは、時間を反転すると「逆向きに」同じ速度の変化で同じ軌跡をたどる運動になるという時間反転対称性の定義からはずれます。つまり、時間反転対称性が破れています。

ここでは具体的な例で説明しましたが、一般に、重力や電場は時間反転対称性を保ち、磁場は時間反転対称性を破る、という違った性質をもっています。

結晶のなかで時間を反転したら……

結晶は原子が規則的に並んで形作られていますが、たとえば金属結晶のなかでは、それぞれの原子の価電子が自由電子になって結晶中を動き回っていますので、それぞれの原子は正イオンになっています。ですので、自由電子は、規則的に並んだ正イオンの格子からクーロン引力を受けています。それに加えて、他の電子からのクーロン反発力も受けながら動いています。つまり電子は電場を感じながら結晶のなかを動き回っています。結晶内部での電場の分布は、上述の平行平板コンデンサーのように単純ではありませんが、電場であることには変わりありません。ですので、結晶のなかでは時間反転対称性が保たれています。物質に電池をつないで電流を流しているときでも、電場によって電流が流れているだけですので、この状態でも時間反転対称性が保たれています。

しかし、物質に磁場をかけると上述の理由によって時間反転対称性が破れます。たとえば、図3・12で述べた量子ホール効果は強い磁場を印加して初めて起こる現象でしたので、その状態は時間反転対称性が破れた状態であるはずです。たとえば、図3・12（c）（d）で見られるように、試料の内部では電子は磁場から受けるローレンツ力によって円運動（サイクロトロン運動）すると説明しました。そのとき、磁場が2次元電子系の下から上に貫かれていますので、ローレンツ力の向きを考えると電子は必ず反時計回りの円運動をします。ローレンツ力が円運動の向心力となっているので、決して逆回りの円運動にはなりません。そのために、試料の端で反射しながら移動する電子は、図3・12（c）（d）で示した向きにしか流れません。つまり、試料の外周では端に沿って時計回りに回るように流れ、図3・12（d）のように試料の内部に空けた穴の縁では縁に沿って反時計回りに電子が流れます。

この状態で時間を反転して電流の流れる向きを逆にすると、図6・3で説明したように、試料の内部では逆向き、つまり時計回りの円運動をするかというと、そうはなりません。時間反転しても同じ反時計回りの円運動をします。試料の端でも時間を反転する前と全く同じ軌道を同じ向きで運動しながら図3・12（c）（d）で描いた運動をします。つまり、時間を反転すると全く同じ軌跡を逆向きにたどるという状況にはならないのです。

量子ホール効果状態はこのように時間反転対称性が破れた状態なのですが、トポロジカル物質では磁場を印加しないにもかかわらず、量子ホール効果状態と同じように試料の内部では電子が（局在して）流れず（絶縁体状態）、試料の端だけを電子が流れる（金属状態）のです。磁場を印加していないので時間反転対称性が保たれていて、時間の流れを逆転させるとそれぞれの電子は逆向きで同じ軌跡をたどって運動することになります。ですので、トポロジカル物質は、「時間反転対称性が保たれている量子ホール効果状態」だと言われます。

3・6節で、量子ホール効果は物質の種類によらずに、物質の内部と端で違った性質を示すことを説明しました。つまり、試料の形や物質の種類にかかわらず、自由電子が高速で動くなら共通して起こる現象であり、個々の原子の特徴や化学結合の違いから導き出される性質、たとえば金属、半導体、絶縁体などの性質とは一線を画する性質だと説明しました。トポロジカル物質も同じように、物質の化学的性質や電気的性質とは違った意味で物質を分類する非常に一般的な概念と言えます。その詳細は後で述べますが、トポロジカル物質が実に不思議ということ、しかも普通の物質とは何か根本的なところで違うということが感じられると思います。

時間反転するとスピンが反転

次に、電子の動き方だけでなく、3・3節で説明した電子のスピンという性質が、時間の流れを反転させるとどうなるか考えてみましょう。図3・3に示したように、スピンは電子の自転だとみなせると説明しました。反時計回りの自転が上向きスピンに対応し、時計回りの自転が下向きスピンに対応すると。ですので、時間の流れを反転させると自転の向きが逆転します。反時計回りの自転は時計回りになり、時計回りの自転が反時計回りになるので、上向きスピンと下向きスピンが入れ替わります。つまり、時間反転によってスピンの向きが逆になるのです。

3・3節で説明したように、磁石、つまり強磁性体は、たくさんの電子のスピンが同じ向きに揃った結果現れる性質でした。ですので、時間の流れを逆転させるとそれぞれの電子のスピンが逆転するので、磁石のN極とS極が入れ替わることになります。このように、強磁性体では、時間を反転させると状況が変わってしまいます。時間反転によって磁石のN極とS極が入れ替わるので、磁石の外に出ている磁場の向きも逆転します。つまり、時間反転によって磁場の向きが逆転します。磁場の向きが逆転してしまうと、磁場中を運動する電子にはたらくローレンツ力の向きも逆転してしまいます。その結果、時間反転対称性が破れていると言えます。

磁性をもたない物質、常磁性体は、3・3節で説明したように、それぞれの電子のスピンの向きが一方向に固定されず、上向きと下向き状態をフラフラと絶えず行ったり来たりしていて、その結果、全体でスピンがないように見える状態の物質でした。このようにフラフラとスピンの向きが絶えず反転している状態で、時間の流れを反転したとしても、個々のスピンは反転するのですが、全体として何も変わらないということは想像できるでしょう。ですので、磁石にくっつかない常磁性体では時間反転対称性が保たれています。

ここで、注意深い読者は、時間の流れを反転すると磁場の向きが反転するということなら、図6・3で考えた磁場中での時間反転は間違いだったのか、という疑問をもつかもしれません。図6・3では、時間反転したときに磁場の向きは反転させなかったので。図6・3（b）で電子の速度の向きだけを反転すると、その運動は（a）での運動の軌跡とは違ってしまうということでした。それでは（b）で運動の速度を逆転するだけでなく、磁場の向きも逆転するとどうなるでしょうか。フレミングの左手の法則より、ローレンツ力の向きが逆転し、今度は、電子の進行方向に向かって右側にローレンツ力がはたらきます。そうすると、その運動は図6・3（a）の運動と全く同じ軌跡を逆向きにたどる運動になります。つまり、時間反転操作を磁場の向きの反転まで適応すれば時間反転対称性が保たれていることになります。しかし、実際の実験では、磁場を反転しないし、磁性体の磁化の向きも反転しないで実験をしますので、向きが固定された磁場中では時間反転対称性が破れていると言っていいのです。

トポロジカル物質は常磁性体のように磁性をもたない物質ですので、そこでは時間反転対称性が保たれています。しかし、上述のように時間反転対称性が破れている量子ホール効果状態に似た現象を示します。それは、次に述べる空間反転対称性が破れていることによって電場ができ、その電場のなかを運動している電子から見ると「仮想的な磁場」がかかっているように見え、その仮想磁場によって量子ホール効果状態になっていると解釈されています。次に空間反転対称性を説明しましょう。

―6・2―対称性 その2―空間反転対称性―

地球上では重力は必ず下向きにはたらきますが、正確に言えば地球の中心に向かっています(図6・4)。ということは、日本に対して地球のおよそ反対側にあるブラジルでは、重力の向きが逆転していることになります。つまり、日本から見ればブラジルでの重力は上向きにはたらいていることになります! 逆に、ブラジルから見れば日本での重力は上向きです。

地球の反対側を考えるということは、空間を上下逆転させたことに相当します。つまり、空間を反転させると、重力の向きが逆転しているように見えることを意味します。このような場合、

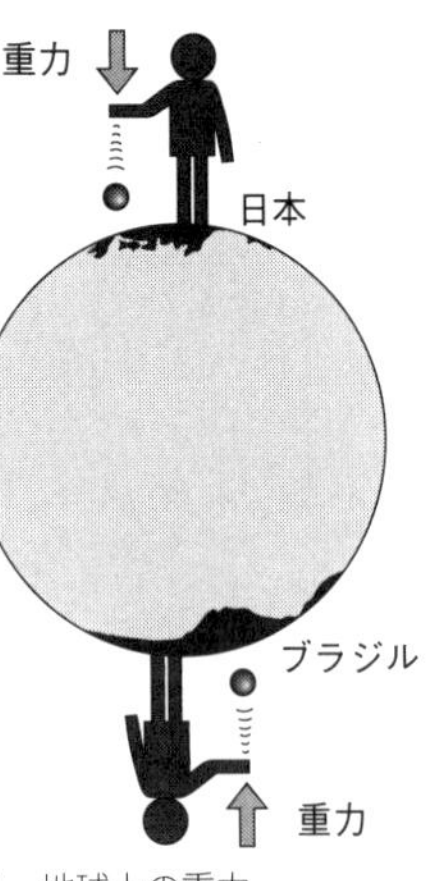

図6.4　地球上の重力。

「空間反転対称性」が破れているといいます。上と下を区別できる状況が、空間反転対称性が破れている証拠です。たとえば、重力がない、遠い宇宙空間では上下を区別できませんので、空間反転対称性が保たれている状態といえます。つまり、重力は空間反転対称性を破るのです。

結晶のなかで空間を反転したら……

多くの結晶は、図6・5（a）（b）（c）に示すような原子の並び方が基本単位になって（「**単位格子**」と呼びます）、同じものがレゴブロックのようにたくさん積み重なってできています。図6・5（a）は単純立方格子、（b）は体心立方格子、（c）は面心立方格子と呼ばれる結晶構造です。（a）では、立方体のそれぞれの頂点に原子が並んでおり、実際には、ポロニウム（Po）というキュリー夫妻が発見した元素だけがこの結晶構造をとります。図（b）では、それに加えて立方体の中心の位置にも原子があり、リチウム（Li）、カリウム（K）、クロム（Cr）、タンタル（Ta）などの金属の結晶構造です。図（c）では、頂点の他に立方体のそれぞれの面の中心にも原子が存在しており、アルミニウム（Al）、金（Au）、銀（Ag）、銅（Cu）、ニッケル（Ni）などがこの結晶構造を

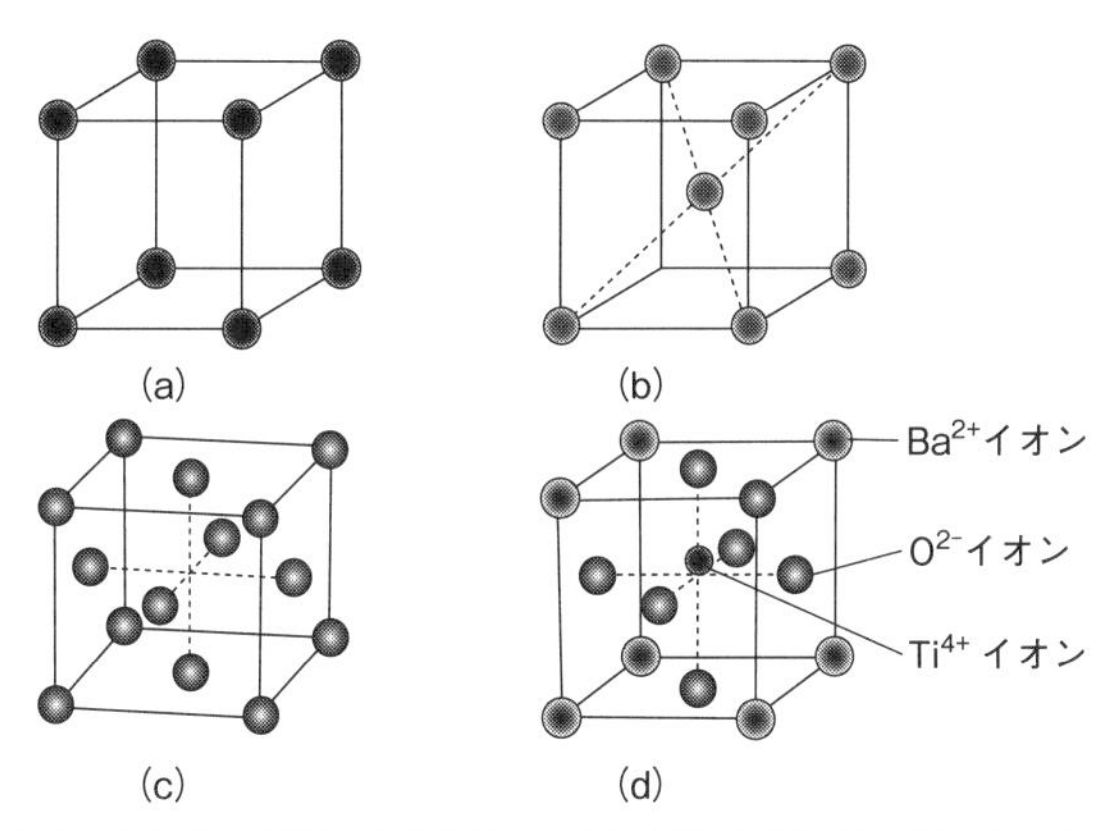

図6.5 さまざまな結晶の単位格子。(a) 単純立方格子、(b) 体心立方格子、(c) 面心立方格子、(d) チタン酸バリウム ($BaTiO_3$) の単位格子。

とります。

面白いことに、(a)(b)(c) それぞれの立方体の中心を固定して、上下、左右、前後を逆転した場合の原子の並び方を想像してみてください。あるいは、立方体の中心を固定点として、180度回転してみてください。いずれの場合にも、もとの原子の並び方と何も変わらないことがわかるでしょう。つまり、空間を反転しても何も変わらないのです。このような場合を「空間反転対称性」が保たれているといいます。

ところが、たとえば図6・5(d)のような単位格子の結晶もあります。この例は、チタン酸バリウム ($BaTiO_3$) という物質ですが、立方体の中心より少し上にチタン (Ti) 原子があるのがわかります (実際は、Ti原子から4個の価電子が抜け出しているので、正イオンTi^{4+}になっています)。この場合、空間を反転させると上下逆さまになるので、このTi原子が立方体の中心より少し下になるのが想像できるでしょう。これはもとの状態と違いますので、空間反転対称性が破れているといえます。

ちなみに、このチタン酸バリウムという物質は強誘電体として有名です。結晶の上の表面が自発的に正に帯電して下の裏面が負に帯電します。あるいは、その正負が逆転している状態を作り出すこともできます。磁石では一方の面がN極で反対の面がS極になって物質内部にも磁場が存在しますが、強誘電体では、一方の面が正の電荷をもち、反対の面が負の電荷をもつので、物質内部に電場をもっています。それは、Ti^{4+}イオンの位置が中心より少し上側にずれていることに起因しています。逆に、その位置が少し下側にずれている状態では、結晶の面の電荷の正負が入れ替わります。つまり、Ti^{4+}イオンが中心面より上にあるのか下にあるのかによって、物質内での電場の向きが逆転します。したがって、空間を反転すると、電場の向きが逆転します。つまり、電場があると空間反転対称性を破ることになります。

このように、結晶のなかには、原子の並び方によって空間反転対称性が保たれているものと破れているものがあり、そのためにさまざまな性質が違ってきます。

結晶の表面では……

図6・5（a）（b）（c）のような結晶構造をもつ物質では空間反転対称性が保たれていると言

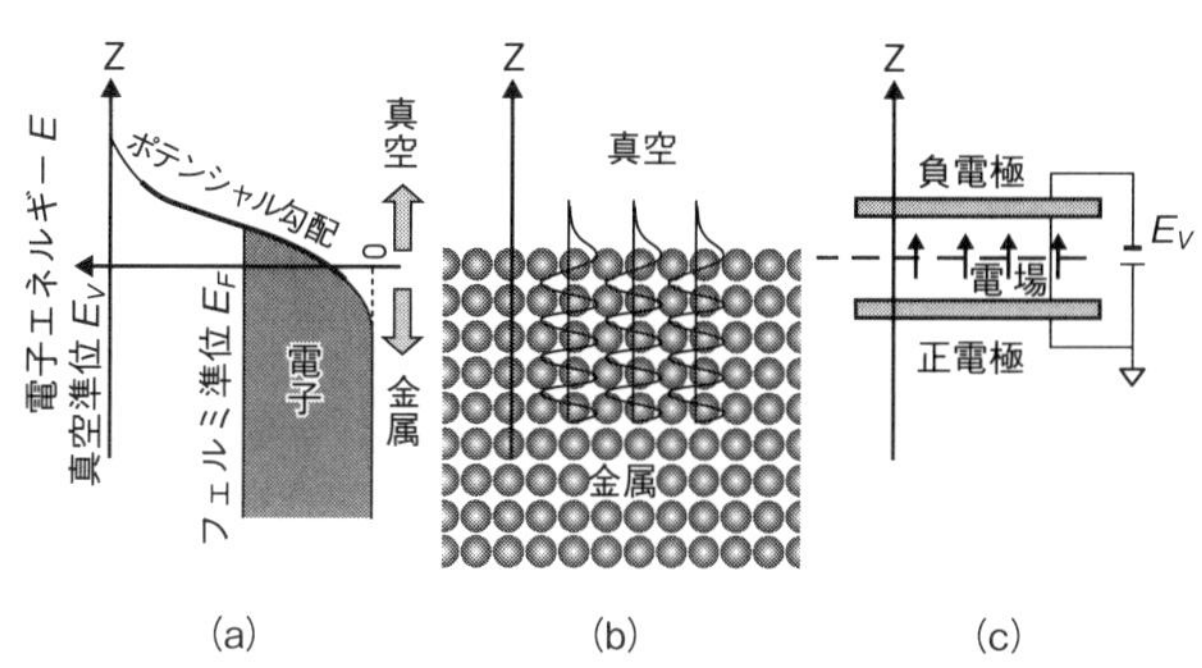

図6.6 (a) 結晶の内部と外部での電子のエネルギー状態を表す模式図。(b) 結晶の表面付近の断面を表す模式図。(c) 結晶表面付近のポテンシャルエネルギー分布を表す平行平板コンデンサーモデル。

いましたが、それは無限大の結晶を考えたときです。現実の結晶は必ず有限の大きさをもち、結晶の表面で打ち切られています。

結晶の表面付近を見ると、実は、どんな物質でも空間反転対称性が破れていることに気づきます。図６・６（b）は単純立方格子の結晶の表面付近を横から見た断面の模式図です。原子が規則的に並んでいますが、この図で物質の表面の上側を空気あるいは真空、下側を物質とします。

この状態で、空間を反転するとどうなるでしょうか。上下が逆転して、下側が空気（または真空）、上側が物質となります。ですので、全体を見れば上下逆さまになっていることがわかります。つまり空間反転対称性が破れていることになります。しかし、結晶の十分内部を見ると、上下逆転しても何も変わらないことがわかるでしょう。このように、結晶の内部だけを見ると、上下左右前後が反転しても何も変わらず結晶内部では空間反転対称性が保たれている結晶でも、表面近傍では必ず空間反転対称性が破れているのです。

物質表面近傍で空間反転対称性が破れていることを電場と関連付けて説明しましょう。物質の内部に入っている膨大な数の電子は、何もしなければ物質の外には出てきません。それは、物質の外に比べて物質内部では電子のエネルギーが低いから、物質内部に「安住」しているためです。図6・6（a）は、横向きに描かれていますが、物質の内と外での電子のエネルギーの違いを表しています。物質内で最高のエネルギーをもつ電子はフェルミエネルギー（フェルミ準位）E_Fにいる電子だと4・1節で説明しました。しかし、物質の外にいる電子の（最低）エネルギーは、E_Fよりさらに高い「**真空準位**E_V」というエネルギーレベルにいます。多くの物質ではE_VのほうがE_Fより高いので、E_VとE_Fのエネルギー差がポテンシャル障壁になって、電子は物質内部に閉じ込められていて外には出られないのです。まさに、堤防にせき止められている川や湖の水と同じです。このE_VとE_Fのエネルギー差を「**仕事関数**」といいます。電子が物質から外に出るには、仕事関数より大きいエネルギーを電子に与える必要があります。

物質の表面近傍では、フェルミ準位から真空準位までポテンシャルがなめらかにつながっています。つまり、ポテンシャル（電位）勾配、すなわち電場が存在します。この電場は、模式的に図6・6（c）に示したような平行平板コンデンサーが作る電場と同じになります。つまり、物質側で電位が低いのでコンデンサーの正電極に対応し、真空側で電位が高いのでコンデンサーの負電極に対応し、図示の電場ができます。つまり物質表面に垂直方向の電場がかかっていることになります。そうすると、前に述べたように電場は空間反転対称性を破ります。この電場はつねに表面に垂直なので、空間を反転すると、電場の向きが逆転して、反転前の状態とは違ってしまいますので、確かに空間反転対称性が破れています。

このように、空間反転対称性が保たれている結晶構造をもつ物質でも、結晶の表面近傍を見ると、必ず空間反転対称性が破れていますので、これが、物質の表面での性質が物質内部の性質と異なる原因の一つとなっています。

空間反転操作とは、座標でいえば (x, y, z) 座標軸を $(-x, -y, -z)$ に逆転することです。ところが、重力や電場の向きは座標系が逆転しても変わりません。ですので、上下前後左右が逆転した座標系から見れば重力や電場が上下逆転しているように見えるのは容易に想像できるでしょう。つまり、重力や電場は空間反転操作によって符号が変わります。よって、空間反転対称性を破ります。このような重力や電場を表すベクトルのように、座標系を反転しても向きが変わらないベクトルを「**極性ベクトル**」と呼びます。このベクトルは座標系を反転すると符号が変わり、見かけ上、向きが逆転します。

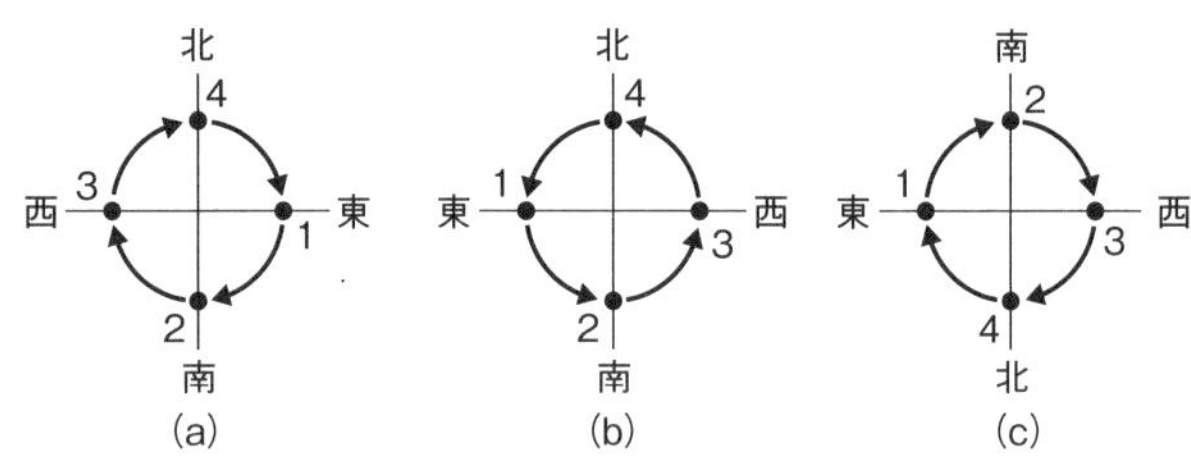

図6.7　回転運動と座標軸の反転。(a) 東西南北の座標軸の上で時計回りの回転を考える。(b) (a) の座標軸の東西方向だけを反転すると反時計回りの回転となる。(c) さらに、南北方向を反転すると、時計回りの回転に戻る。(c) は (a) を180°回転させたと言ってもいい。

磁場は空間反転でどうなるか

次に、磁場、あるいは磁場のもとになっているスピンを考えましょう。これらが空間反転操作で反転するのか、反転しないのか？

スピンは電子の自転だとみなせると3・3節で説明しました。簡単のために、(x, y) 平面内での回転を考えてみます。(x, y) 平面というと実感がわかないので、たとえば東西南北の方位で考えてみましょう。東西南北の向きが決まっている地面の上で独楽が時計回りに回っていると考えましょう（図6・7（a））。つまり、東から出発して東→南→西→北→東の向きで1周する回転を考えます。それぞれの方角に1～4の番号をつけておきます。このとき、東西と南北の座標軸を反転したら、1と3が入れ替わり、2と4が入れ替わるので図6・7（c）となります。そうすると、独楽の回転を、反転した座標系から見れば、1から4の番号をたどると時計回りとなり、これは、

(a)の場合と同じ状態で、反転する前の座標系で見た回転と何も変わっていません。つまり、反転した座標系から見ても同じ回転のように見えるということは、この回転は、座標系といっしょに反転しているということです。

これをさらによく理解するには、図6・7(a)の状態を東西だけの軸を反転した状態を考えてみるといいでしょう。南北はそのままにして東西方向だけを反転させると1と3だけが入れ替わります。その結果、図6・7(b)となり、このときの回転の様子を1から4の番号をたどって見てみると、反時計回りになっているのがわかります。つまり、(a)と比べると回転の向きが逆転しています。これは鏡に映したときと同じです。鏡に映すと左右が逆になり、回転運動も、その回転の向きが逆になります。(b)の状態をさらに南北方向の軸で反転すると(c)となり、回転方向は時計回りに戻ることになります。

このように、スピンのような回転運動を表すベクトルは、空間反転しても符号が変わりません。よって、スピンの集まりとしてできる磁場は、空間反転しても符号が変わりません。つまり、空間反転対称性を維持します。空間を反転しても何も変わらないように見えるのは、座標軸の反転といっしょにスピンや磁場のベクトルが反転しているからです。このスピンや磁場のようなベクトルを「**軸性ベクトル**」と呼びます。

以上のように、空間を反転すると、電場や重力ではその力がはたらく向きが反転する(符号が変わる）が、スピンや磁場は向きが変わらない（符号が変わらない）ということになります。また、前節で考えた時間反転操作によって電場や重力は反転しない（符号が変わらない）が、スピンや磁場は反転する（符号が変わる）ということでした。

このように、とくに電場と磁場を比較すると、全く逆の性質をもつことがわかり、電場と磁場は、何かとっても根源的な性質が違うようだと感じられるでしょう。しかし、この電場と磁場は、見る立場を変えると、電場が磁場に「変身」したり、磁場が電場に「変身」したりして、相互に入れ替わるということを次の節で説明します。ますます不思議なことになり頭が混乱してきます。

時間と空間の両方を反転すると電子のエネルギーはどう変わるか

その前に、時間反転と空間反転を同時に行う場合を考えてみましょう。

時間反転によって、電子の運動の速度（$\vec{V}$）の向きが逆転し（$-\vec{V}$）、なおかつスピンも逆転する（たとえば上向きスピン↑が下向きスピン↓に）ということでした。ですので、時間反転対称性がある場合、速度の向きが反対向きで、なおかつスピンの向きも反対の電子（$-\vec{V}$, ↓）は、もとの状態の電子（$\vec{V}$, ↑）と同じエネルギーをもつということを意味しています（図6・8）。

一方、空間反転によって、速度の向きが逆転するがスピンの向きは変わらないということなの

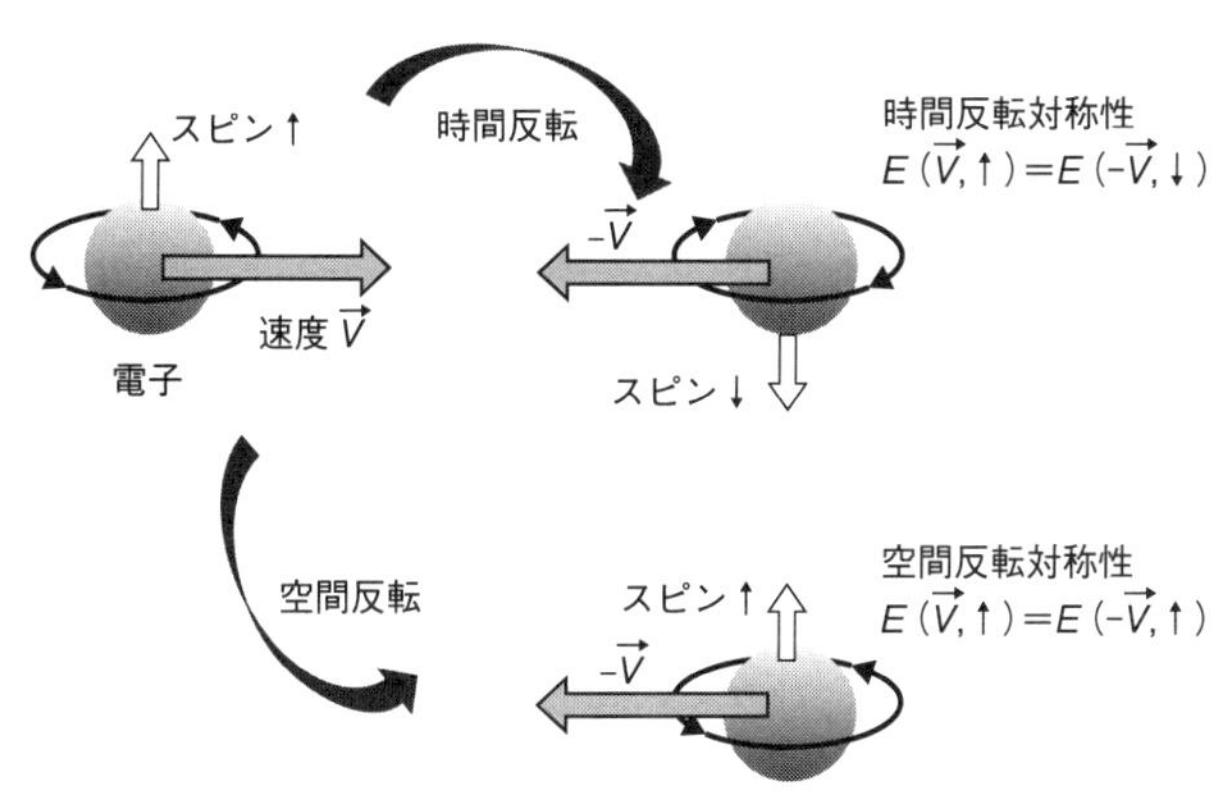

図6.8 電子に対する時間反転と空間反転操作。

で、空間反転対称性がある場合、速度が逆転しているがスピンは逆転していない状態の電子（$-\vec{V}$, ↑）は、もとの状態の電子（$\vec{V}$, ↑）と同じエネルギーをもつということを意味します（図6・8）。

よって、時間反転対称性と空間反転対称性の両方が同時に成り立っている場合、（$-\vec{V}$, ↓）の状態の電子と（$-\vec{V}$, ↑）の状態の電子は同じエネルギーをもつことになります。つまり、スピンが上向きか下向きかに関わらずに、運動の速度が同じであれば同じエネルギーをもつということになります。

これが、4・1節で説明したパウリの排他原理のもとになっています。パウリの排他原理とは、ある値のエネルギーをもってある向きに運動しているという状態の電子は同時に2個しか存在せず、その2個の電子は必ず逆向きのスピンをもつということでした。逆に言えば、上向きスピンの電子と下向きスピンの電子は、運動の速度が同じであれば、エネルギーは同じであるといえます。このような状況を「**スピン縮退**」または研究者の名前をとって「**クラマース縮退**」と呼びます。このような状況は、空間反転対称性のある結晶構造をもつ常磁性の物質内部であれば必ず実現されています。常磁性であれば時間反転対称性が保たれていますので。

しかし、結晶表面近傍では、図6・6で述べたように空間反転対称性が必ず破れていますので、スピン縮退は実現されていないということになります。つまり、上向きスピンの電子と下向きスピンの電子は、運動する速度が同じであっても異なるエネルギーをもつということになります。この現象を「スピン縮退が解ける」といいます。このことを初めて指摘した研究者の名前をとって、このようにスピンの向きに依存して電子のエネルギー状態が異なるという現象を「**ビチュコフ＝ラシュバ効果**」と呼んでいます。

図6・5（d）で紹介したように、空間反転対称性が破れた原子配列をもつ結晶も存在します。そのような結晶の内部でもスピン縮退が解けます。つまり、同じ速度で運動している電子でもスピンの向きによって異なるエネルギー状態をとるという現象が起きます。その場合には、「**ドレッセルハウス効果**」と呼ぶこともあります。

スピンの向きによって異なるエネルギーをもつという現象は、磁石となる強磁性体で見られる現象です。強磁性体では内部に磁場が存在し、そのため前述のように時間反転対称性が破れているので、上向きスピンの電子と下向きスピンの電子が異なるエネルギー状態をとるからです。しかし、上述のビチュコフ゠ラシュバ効果やドレッセルハウス効果は、常磁性体で起こります。つまり、時間反転対称性が保たれているのにスピン縮退が解けるというのです。これは次節で説明する「仮想磁場」のためです。強磁性体でないのに、強磁性体のように上向きスピンと下向きスピンが違った振る舞いをするということは、物性物理学の常識からすると驚きの性質なのです。それが次節で説明する相対性理論に由来する効果に起因しているというのですから驚きです。これがトポロジカル物質の基礎になる不思議な現象なのです。

―6・3― 見る立場を変えると……―仮想磁場―

誰も太陽系の外から太陽系を観察したことはないのですが、もし、太陽系の外に出て遠くから太陽系をながめると、よく図鑑などで見るような光景、つまり太陽が中心にあって、その周りを地球や他の惑星が回っていることがわかるでしょう。これが、コペルニクスらが提唱した地動説です。太陽の質量が地球よりずっと重いことから、この描像が正しいといえます。地球は太陽からの万有引力によって引き付けられて円運動（正確には楕円運動）をしています（図6・1（b））。円

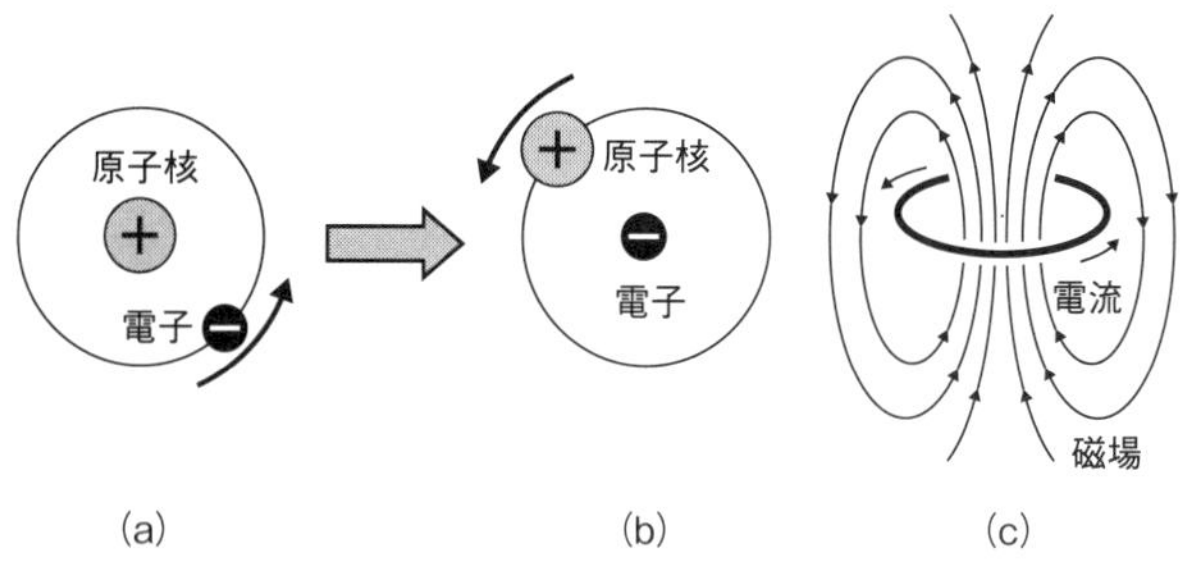

図6.9 原子のなかの電子の動きを、見方を変えて見ると（ローレンツ変換）、電場が磁場に変わる。(a) 実験室系、(b) 電子の静止系での見え方。(c) 一巻きコイルが磁場を作る様子。

運動による遠心力と太陽からの万有引力がつりあって、太陽の重力場のなかを地球が周回しているのです。

しかし、私たち人間は地球に住んでいますので、地球から太陽系を観察すると、地球の周りを太陽が回っているように見えます。これが天動説ですが、観測事実を素直に解釈した考え方で、長年人間がそう信じてきたのも無理はありません。立場を変えて現象を見ると、同じ現象でも違ったように見えます。

電子が動くと仮想磁場ができる

これと同じようなことが原子のレベルでも起こります。つまり、原子のなかでは、原子核の周りを電子が回っているという描像（図6・2（b）、図6・9（a））が正しいということは1・3節と1・4節で説明しました。原子核の質量が電子の質量よりずっと重いからです。負電荷をもつ電子は、正電荷をもつ原子核からの静電気力（クーロン引力）によって引き付けられて円運動をしています。つまり、原子核が作る電場のなかを電子が周回しているのです。

しかし、地動説と天動説の違いのように、電子の立場から見るとどうなるでしょう。電子の周りを原子核が回っているように見えるはずです（図６・９（b））。そうすると、原子核は正電荷をもっていますので、原子核が円運動すると円環状の電流が流れていることになります。つまり、一巻きコイルに流れる電流と同じです。そうすると、中学校の理科で習ったように、一巻きコイルに電流が流れると図６・９（c）に示すような磁場ができます。電流が磁場を作ることは「**電磁誘導**」と呼ばれる現象だということも中学校で習ったでしょう。電磁石のもとになる現象です。正電荷をもつ原子核がぐるぐる回って作る一巻きコイルの中心に電子が「鎮座」していることになりますので、電子の位置にはこの一巻きコイルによる磁場がかかっていることになります。

こうして、図６・９（a）のように原子核からの電場のなかを電子が運動していると、それを図６・９（b）のように見方を変えることによって、電子に磁場がはたらいていることになります。実際の磁場は印加されていないので、この磁場を「**仮想磁場**」と呼ぶことにしましょう。しかし、仮想磁場といっても、次の節で述べるように、これが実際に測定可能な現象を生み出すので、全くの仮想というわけではありません。

図6・9（a）のように、原子核が止まっている状態、つまり、私たちに対して物質が止まっている状態でものを見るときを「**実験室系**」でものを見るといいます。これに対して、図6・9（b）のように電子が止まっている状態でものを見るときを「電子の**静止系**」でものを見るといいます。つまり、実験室系で見たときの電場が、電子の静止系で見ると磁場に変身しているといえます。

このように見方を変えることを「**ローレンツ変換**」するといいます。これは、アインシュタインの相対性理論の基礎となる考え方です。相手の立場になって見ると、物事が全く違ったように見えるということは日常生活でもありますが、ローレンツ変換は自然界の深遠な仕組みの一つといえるでしょう。（実は、図6・9（a）と（b）のような円運動の場合、物理学の厳密な意味ではローレンツ変換といいませんが、観察する視点を変えてみるという「精神」は同じことです。）

物質表面での仮想磁場

このような電場から仮想磁場への変換は、原子核を回る電子だけに適用されるものではなく、一般にどんな電場でも見られる現象です。

たとえば、図6・6で、物質の表面近くを見ると、物質内では物質の外に比べて電子のエネルギーが低い（電位が低い）という説明をしました。その物質の内と外のエネルギー差（仕事関数）の

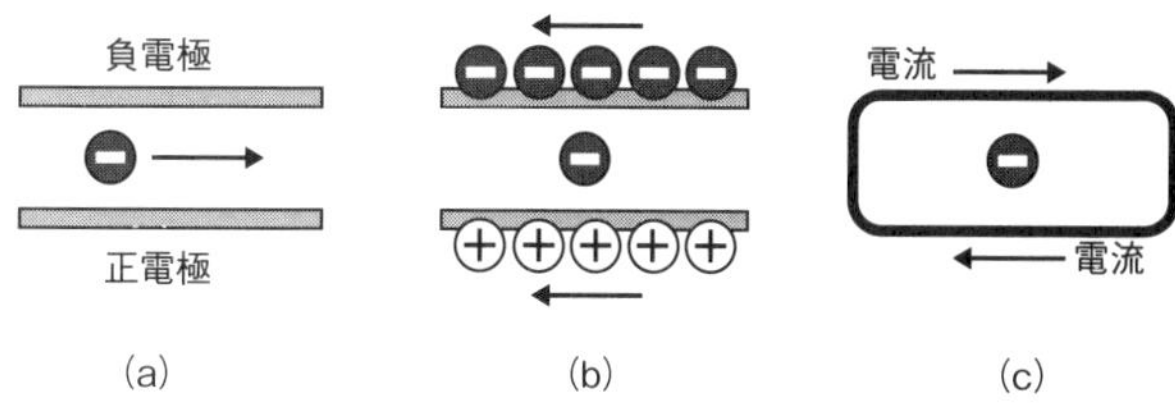

図6.10 平行平板コンデンサー内の電場中を運動する電子。(a) 実験室系で見たとき。(b) 電子の静止系で見たとき。(c) 電子の静止系で見たとき、コンデンサーの電荷の動きが電流とみなせ、その結果、紙面に垂直方向に仮想磁場を作る。

ために、電子は物質の内部に閉じ込められて外に出られないのでした。この状況は、図6・6（c）のような平行平板コンデンサーと同じ状況です。つまり、物質の外側が負電極に、物質の内側が正電極に相当すると考えると、正電極側が電子にとってエネルギーが低いことになりますので、仕事関数による電子の閉じ込めを模すことができます。

そうすると、物質表面近傍で運動している電子は、いわば、この平行平板コンデンサーの電場のなかで運動していると考えられます。たとえば、図6・10（a）に示すように、コンデンサーのなかを電子が右向きに運動しているとします。これは、前に述べた実験室系での観察ですが、これを電子の静止系に乗り移って見ると、図6・10（b）のように、電子が静止する代わりに平行平板コンデンサーが左向きに動いているように見えます。下側の電極が正電極なので、正電荷が左に向かって運動しています。つまり、電流が左に向かって流れていることになります。一方、上側の電極は負電極ですので、負電荷が左に向かって運動しています。負電荷が左に流れているということは、電流が右に向かって流れているということです。そうすると、結局、コンデンサーの動きは、図6・10（c）に示すような循環する電流と同じだということです。（コンデンサーの左右で、2つの電極の間を結ぶように流れる電流は、無限遠方でつながって流れていると考えればいいでしょう。）そうすると、この細長い周回電流による電磁誘導によって、紙面に垂直方向に磁場が作られることは、図6・9（c）と同じです。中心にいる電子は、この仮想磁場のなかに置かれていることになります。この仮想磁場は紙面に垂直方向ですが、図6・6までさかのぼると、この仮想磁場は物質表面に平行方向にはたらいていることがわかります。

このように、電場のなかを電子が運動していると、電場から力を受けるだけでなく、その電子には仮想磁場がかかっていることになります。人間が人為的に磁場をかけなくとも、電場中で電子が運動することによって、その電子には実質的に磁場がはたらいているのです。とくに、どんな物質でも、その物質表面付近を運動している電子には、つねにこの仮想磁場がかかっています。この効果のため、物質表面での電子は、物質内部にいる電子と振る舞いが違うことがありま す。この効果が、実はトポロジカル物質において本質的に重要です。

とっても不思議な仮想磁場

前節で述べたように、リアルな磁場を一定方向に印加すると時間反転対称性を破ることになりますが、この節で述べたメカニズムで電子にかかる仮想磁場は、実験室系にいる私たちには感じられないので本物の磁場ではなく、もとをただせば電場なので時間反転対称性を破っていません。それは、次に説明するように、この仮想磁場の向きが、個々の電子の運動方向によって決まっており、しかも物質内部や物質表面ではそれぞれの電子の運動方向がバラバラなので、仮想磁場の向きもバラバラで、その結果、お互いに打ち消し合って、全体ではゼロになっているからだとも言えます。

図6・10から想像できると思いますが、この仮想磁場は、電子の運動方向に必ず直角方向にはたらきます。つまり、この図で電子が右向きに運動していると（図6・10（a））、仮想磁場は紙面に垂直方向にはたらいています（図6・10（c））。これは、ちょうど図3・12（a）で述べたフレミングの左手の法則のように、電子の動く向き（中指）、電場の向き（親指）、仮想磁場の向き（人差し指）が互いに直角になっています。ですので、この仮想磁場は、個々の電子の運動する向きによって違う向きにはたらくので、人間が磁石で印加するリアルな磁場とは全く違います。東に向かって進む電子には北に向いた磁場がはたらき、北に向かって進む電子には西に向かう磁場がはたらきます。個々の電子が感じる磁場の方向が、その電子の運動方向によって違うという奇妙な性質をもつのがこの仮想磁場ですので、とても人間が人為的に作り出せるものではありません。

一方、図4・1で示したように、物質内部やその表面では、膨大な数の電子がさまざまな向きに動いています。ある向きに運動している電子がいると、必ず、それと真逆の向きに運動する電子がいます。ですので、その2つの電子にはたらく磁場は互いに逆向きになり、打ち消し合っているともいいでしょう。個々の電子にはこの仮想磁場がはたらいているのですが、物質全体として見ると、この仮想磁場はお互いに打ち消し合って全体でゼロになっているのです。しかし、この言い方は正確ではありません。この仮想磁場は、それぞれの電子が感じているものなので、他の電子が感じる仮想磁場と足し合わせることはできないと考えるべきです。そのために、通常の磁場と違って、時間反転対称性を破らないのです。全く不思議な磁場です。そのような磁場は人為的に作れないので、仮想磁場と呼んでいるのですが、しかし次節で述べるようにリアルな効果を生み出すので、全くの空想の話ではないのです。

ローレンツ変換は電場を磁場に変えるだけでなく、その逆、つまり磁場を電場にも変換しますが、その説明は省略します。電場と磁場は、時間反転対称性や空間反転対称性について正反対の性質をもっていることを前節までに説明しましたが、立場を変えてものを見ると、見かけ上、全く性質の違う両者が相互に入れ替わるという現象が起こるのです。SFかアニメのように思えるかもしれませんが、これが現実の自然を記述する物理学が教えるところです。奥深いでしょう。

6・4 スピン軌道相互作用—仮想磁場が生み出すリアルな効果—

磁場中で電子が運動すると、電子は負電荷をもっているので、磁場からローレンツ力を受けて必ず左に曲がるということを図3・12や図6・3で説明しました。ローレンツ力は、電子の運動方向に対して必ず直角方向で左向きにはたらいて、電子の進む向きを左に曲げます。一方、3・3節では、電子はスピンという性質をもっていることを説明しました。それでは、磁場はこのスピンに対してどんな作用を及ぼすのでしょうか。

磁場中ではスピンの向きでエネルギーが異なる

スピンは極微の磁石だということを図3・3で描きましたが、それを小さな方位磁針だとみなしましょう。方位磁針に磁場をかけると、図6・11（a）に示すように、外からかける磁場のN極のほうに方位磁針のS極が引き付けられ、外部磁場のS極のほうに方位磁針のN極が引き付けられて止まります。この向きが一番安定だから、この状態で止まるのです。地磁気を感じて方位磁針のN極が北を指すのも同じ原理です。（地球の北極は、磁石のS極だという話を思い出してください。）

ここで図6・11（b）のように、方位磁針を手で無理やり逆向きにします。そして、その状態で手を離します。そうすると、方位磁針はくるっと反転して必ず（a）の状態に戻ります。（b）の状態は安定でないので、安定な（a）の状態に戻るのです。エネルギーでいえば、（b）のエネルギーのほうが高いので、エネルギーの低い（a）の状態に移るといえます。

一方、図3・4で説明したシュテルン＝ゲルラッハの実験によって、電子のスピンは上向きか下向きの2種類しかないということでした。それと図6・11の実験の結果を組み合わせると、磁場中では磁場に平行向きのスピンのほうが安定でエネルギーが低く、反平行向きスピンの電子は不安定でエネルギーが高いということです。磁場中では、同じ電子で

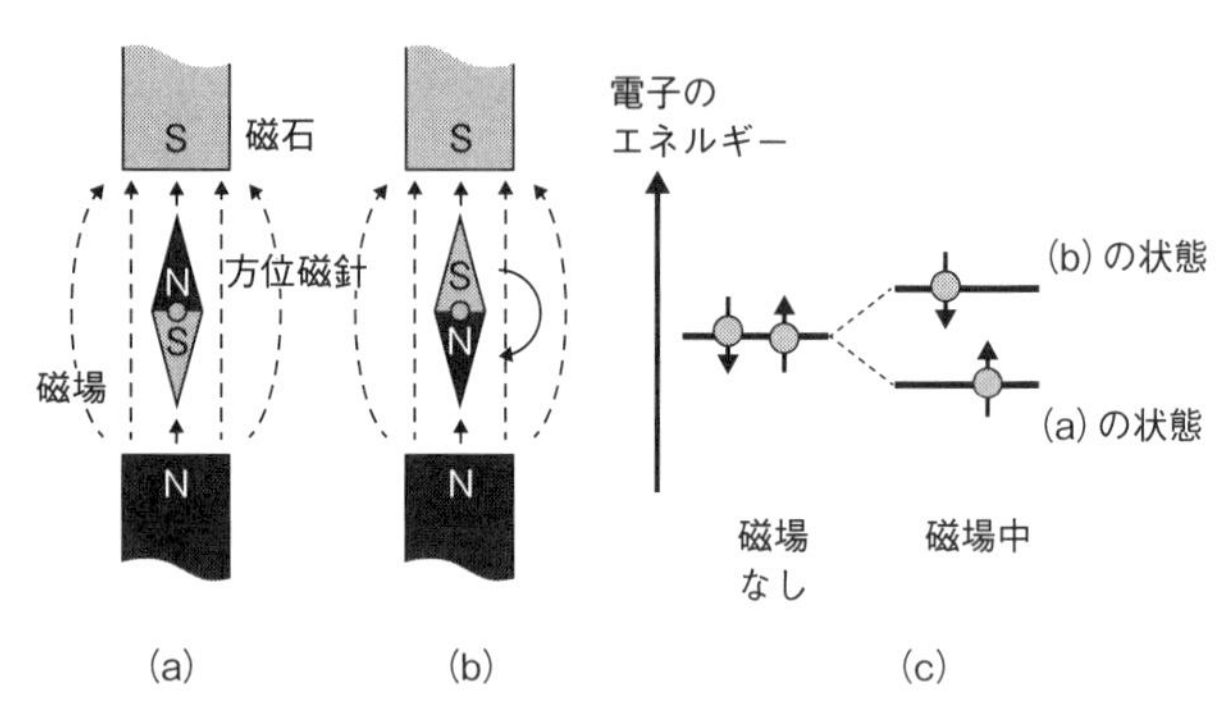

図6.11　磁場の中でのスピン。スピンを方位磁針に見立て、安定な状態（a）と、不安定な状態（b）を表す。（c）それを電子のエネルギー準位で表現した図。磁場がかかっていないときにはスピン縮退、磁場中ではゼーマン分裂が起こる。

も、そのスピンの向きによってエネルギーが違うのです。そして、その中間の状態はないのです。

6・2節で、空間反転対称性が成り立っている常磁性体結晶のなかでは時間反転対称性も成り立っているので、上向きスピンの電子と下向きスピンの電子のエネルギーは同じだという説明をしました。これをスピン縮退、またはクラマース縮退と呼んだことを思い出してください。しかし、上述のように、磁場を印加すると、上向きスピンの状態と下向きスピンの状態でエネルギーに差ができてしまうことになります。つまりエネルギー準位が分裂します。この現象を、「スピン縮退が解ける」といい、研究者の名前をとって、「**ゼーマン分裂**」、あるいは「**ゼーマン効果**」と呼ぶときもあります。つまり、スピン縮退した状態が、磁場を印加することによって、スピンの向きに依存してエネルギー準位が異なる2つの準位に分裂します(図6・11(c))。磁場によって時間反転対称性が破られたので、上向きスピンと下向きスピンのエネルギーが違ってしまったのです。

仮想磁場が実際に電子のエネルギーを変える

ここまでの話は、人間が磁石を使って人為的に外から印加するリアルな磁場によるゼーマン効果でした。

それでは、前節で説明した仮想磁場の場合にはどうなのでしょうか。仮想磁場は、個々の電子の運動の方向に対して常に直角方向にはたらくので、仮想磁場の向きはそれぞれの電子によって違うという性質をもっていましたが、個々の電子のスピンに対する効果はリアルな磁場と同じくゼーマン効果を引き起こします。つまり、仮想磁場に対して図6・11（a）のような向きになるスピン（仮想磁場に平行なスピンと呼びましょう）と（b）のような向きになるスピン（仮想磁場に反平行なスピン）で、電子のエネルギーが違ってしまい、エネルギー準位が分裂します（図6・11（c））。つまり、スピン縮退が解けます。これが、6・2節で説明したように、空間反転対称性が破れていると、スピンの向きによってエネルギーが違うという現象（ビチュコフ＝ラシュバ効果、またはドレッセルハウス効果）です。

つまり、図6・6のように、結晶表面近傍では空間反転対称性が破れていて電場が一方向に生じるので、そのなかを運動する電子には仮想磁場がかかっていることになり（図6・10）、その結果、その仮想磁場によるゼーマン効果がスピン縮退を解くと言っていいでしょう。結晶内部では、図6・9のように、原子内部で原子核からの電場のなかを電子が運動するので、やはりその電子は仮想磁場を感じており、それによってスピン縮退が解けています。リアルな磁場は時間反転対称性を破ってスピン縮退を解くのですが、仮想磁場は時間反転対称性を破らないかわりに空間反転対称性が破れている状況で発生しますが、この場合もスピン縮退を解くことになるのです。

仮想磁場のためにスピンの向きによって異なるエネルギーになることは、実際に実験で測定されています。つまり、この効果はリアルな効果なのです。しかし、そのもとになるのは仮想磁場です。前節の説明を思い出すと、仮想磁場は電子が電場のなかを運動していることによって生じている磁場で、その電子しか感じない磁場でした。このような電子自身の運動によって作り出す仮想磁場と、電子自身のスピンとが力を及ぼして（相互作用して）、その結果スピン縮退が解けるというわけです。この現象を「**スピン軌道相互作用**」と呼びます。電場の中を電子が軌道を描いて動いていると（その軌道は図６・９（a）のような円軌道でもいいし、図６・10（a）のような直線軌道でもかまいません）、その軌道運動によって作られた仮想磁場と電子自身のスピンが相互作用し、仮想磁場に平行スピンの場合と反平行スピンの場合で図６・11（c）のようにエネルギーが違ってしまうのです。仮想磁場がリアルな効果を生み出すのです。

仮想磁場について、もう一つ注意点。仮想磁場は電子スピンと相互作用することはわかったが、リアルな磁場のようにローレンツ力を生み出して電子の軌道を曲げないのか、と疑問に思うかもしれません。しかし、図６・９と図６・10に戻って考えれば、そもそも仮想磁場は電子の静止系で出てくるものなので、電子が静止していれば磁場中でもローレンツ力はゼロになります。よって、仮想磁場は電子の運動の軌道を曲げませんが、電子のスピンの向きを決定づけると言えます。

ここでもう一つ重要なことを図6・10に戻って説明します。図6・10(a)でコンデンサーの電場のなかを走っている電子のスピードが速い場合と遅い場合を考えてみます。電子のスピードが速いと、図6・10(b)に描いた電子の静止系において、コンデンサー電極に蓄積されている電荷が反対向きに動くスピードも速くなり、そうすると、(c)の電流の流れも速くなります。つまり周回する電流の値が大きくなるので、それによって作り出される仮想磁場も強くなります。よって、電子の運動するスピードが速いほど(正確には「角運動量」という量が大きいほど)、仮想磁場が強くなるので、その結果、仮想磁場に対して平行なスピンと反平行なスピンをもつ電子のエネルギーの違いも大きくなります。つまり、図6・11(c)の分裂した2つの準位の間のエネルギー差が大きくなります。

スピン軌道相互作用がトポロジカル物質のもと

このスピン軌道相互作用が、トポロジカル物質のもとになっています。つまり、このスピン軌道相互作用の強い物質がトポロジカル物質になりやすいのです。一般に、原子番号が大きい原子を含む物質ほど、図6・9に示した原子核に起因する仮想磁場が強いので、それによる分裂のエネルギー差が大きくなり、トポロジカル物質になりやすい傾向があります。

このようなスピンの向きによってエネルギーが異なるという現象のために、物質の価電子バンドや伝導バンドに入っている電子のエネルギーが変化します。そのエネルギーの変化量は、電子の動くスピード（正確には角運動量）によって違います。そして、その効果が十分強い物質では、エネルギー準位の上下関係が逆転することがあり、そのような物質がトポロジカル絶縁体なのです。つまり、5・3節で説明した伝導バンドと価電子バンドの上下関係が入れ替わるのです。この現象を「**バンド反転**」といいます。

このようなバンド反転が起こっている物質と、バンド反転が起こっていない普通の物質をつなげて電流を流そうとしても、素直には流れないということは想像できるでしょう。いよいよトポロジカル物質の本質、バンド反転の話に入ります。

第7章 トポロジカル絶縁体とは

7・1 バンド反転―伝導バンドと価電子バンドが入れ替わる―

5・3節で見たように、半導体または絶縁体では伝導バンドと価電子バンドがあり、その間にバンドギャップが開いています（図5・2）。バンドギャップをはさんで常にエネルギーの高い側に伝導バンドがあり、エネルギーの低い側に価電子バンドがあります。ですので、電子は価電子バンドにたくさん入っていてほとんど充満状態になっていますが、伝導バンドにはほんの少しの電子しか入っていないので、ほとんど空の状態です。以後、「トポロジカル絶縁体」というように絶縁体という言葉を使いますが、これは2・2節で述べたバンドギャップの大きな絶縁体ばかりでなく、バンドギャップがあまり大きくない半導体もふくめて絶縁体と総称します。要は、金属と違ってフェルミ準位付近において大小はともかくバンドギャップが開いている物質であるという意味で絶縁体と呼びます（図5・2参照）。

エネルギーレベルの上下が逆転

ここで、前節で説明したスピン軌道相互作用を考慮に入れます。つまり、伝導バンドに入っている電子（伝導電子）も価電子バンドに入っている電子（価電子）も、それぞれの仮想磁場を感じて動いています。ときには、伝導電子が感じる仮想磁場の大きさと価電子が感じる仮想磁場の大きさが違うこともあります。それは、前節で述べたように、電子の動くスピード（厳密には角運動量という量）が違うときには電子が感じる仮想磁場の強さが違うためです。この仮想磁場によって伝導電子と価電子それぞれに対して、図6・11（c）で示したようにエネルギー準位が2つに分裂するはずです。そのうち、伝導電子から分裂した下側のエネルギー準位が、価電子から分裂した上側の準位よりエネルギーの低い状態になることがあります。つまり、仮想磁場によって、伝導電子のエネルギー準位と価電子のエネルギー準位の上下関係が逆転するのです。

実際、トポロジカル絶縁体として有名なセレン化ビスマス（Bi_2Se_3）という結晶のエネルギー準位を見てみると、図7・1（a）に示すように、フェルミ準位E_F直上の$P1^+_z$と名前がついている伝導電子のエネルギー準位があり、E_F直下には$P2^-_z$と名前がついている価電子のエネルギー準位が

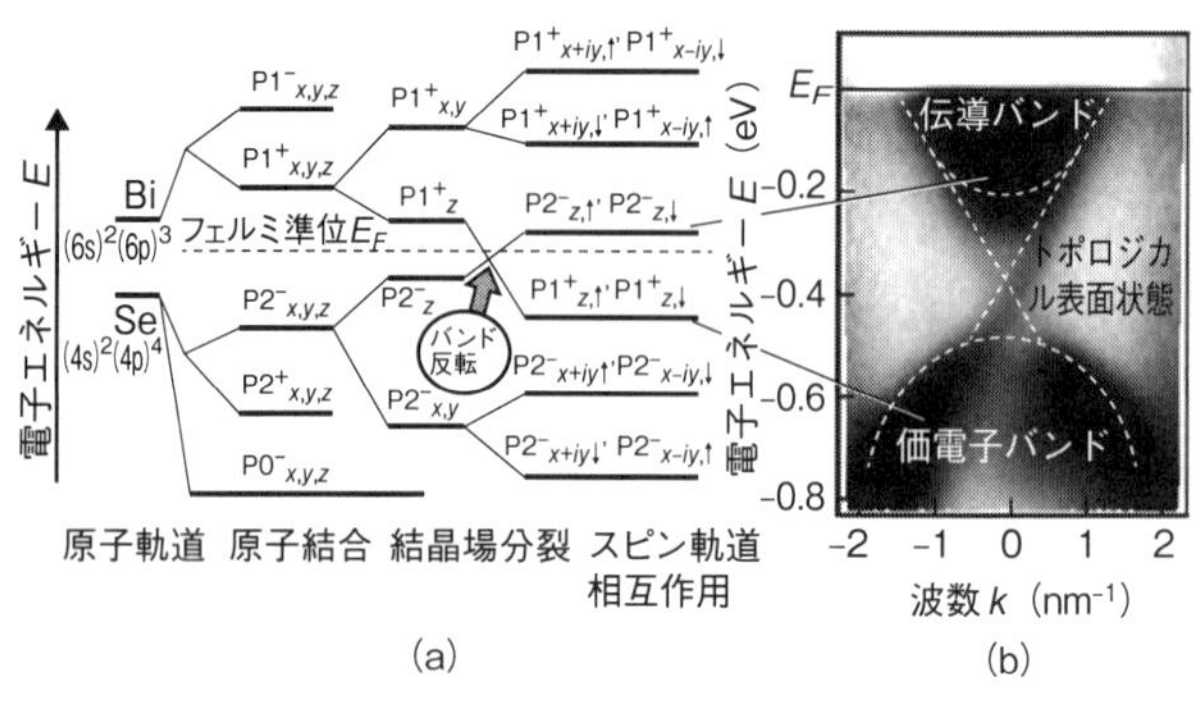

図7.1　セレン化ビスマス（Bi_2Se_3）結晶の電子エネルギー状態。(a) BiとSe原子の価電子のエネルギー準位。スピン軌道相互作用を考慮すると、Se由来のエネルギー準位とBi由来のエネルギー準位の上下が逆転する。(b) Bi_2Se_3結晶のバンド分散図の実験データ。バンドギャップ中にトポロジカル表面状態ができて価電子バンドと伝導バンドをつないでいる。(Y. Sakamoto, et al. *Physical Review B* 81, 165432 (2010) より転載。)

ありますが、その2つの準位がスピン軌道相互作用のために上下入れ替わるということが理論計算で示されています。もともと伝導電子が入るべきエネルギー準位がフェルミ準位の下になって価電子バンド側になり、逆に価電子が入るべき準位がフェルミ準位の上になって伝導バンド側になってしまいます。

　また、エネルギー準位の名前にプラス（＋）とかマイナス（－）という記号がついていますが、これは後で述べるパリティという性質を意味します。エネルギー準位の上下関係が逆転するとパリティが逆転するのです。

　実際のバンドは、図7・2（a）のように2次関数の曲線に近い形をしていますので、図7・2（b）に示すように、スピン軌道相互作用による仮想磁場によって上下関係が入れ替わ

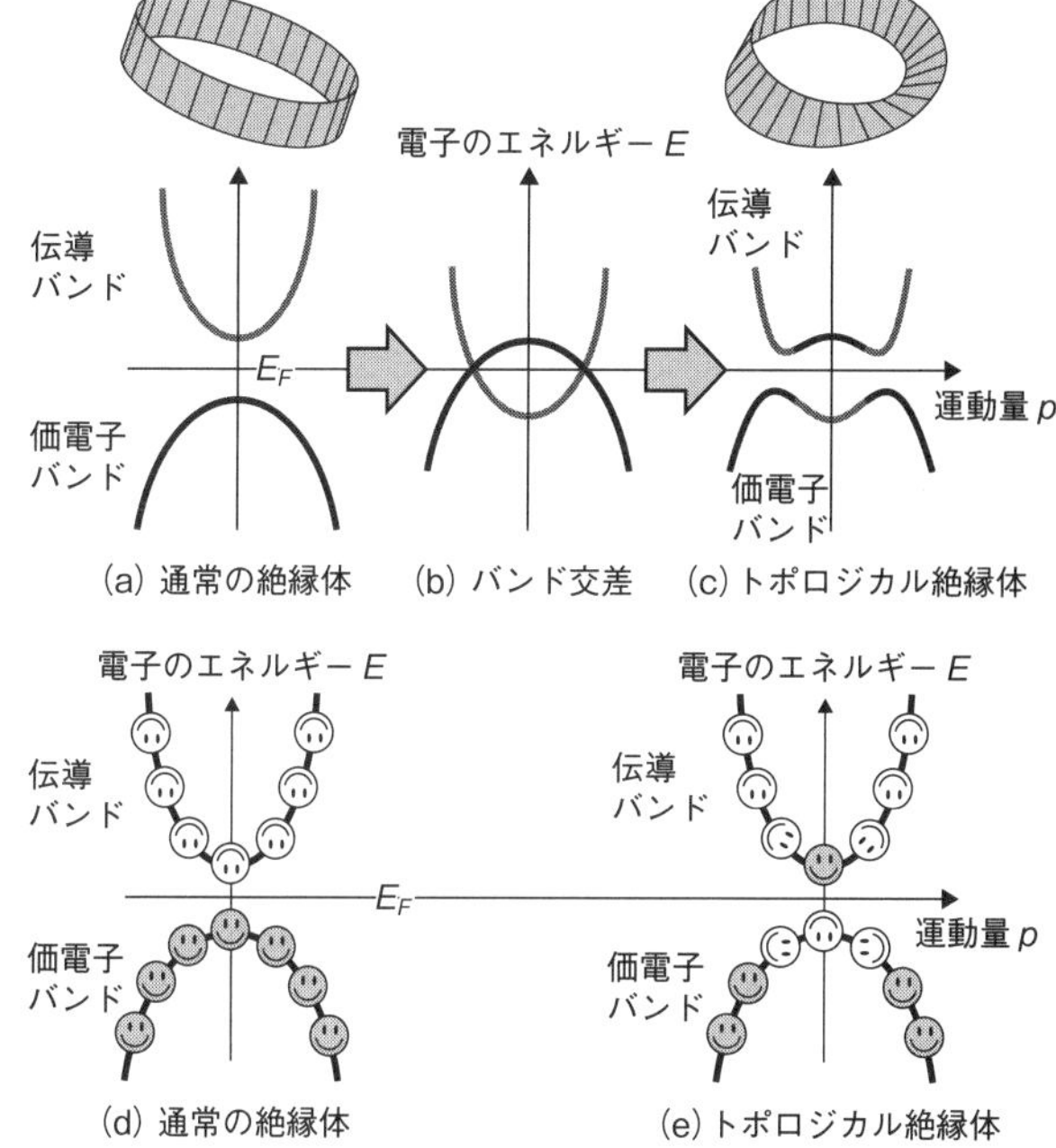

図7.2　バンド反転によってトポロジカル絶縁体になる。(a) 通常の絶縁体のバンド分散図。(b) 仮想磁場によって、価電子バンドと伝導バンドの一部でエネルギーの上下関係が逆転し、バンドが交差する。(c) それぞれのバンド構造を組み直し、トポロジカル絶縁体となる（バンド反転）。(d)(e) 通常の絶縁体とトポロジカル絶縁体のそれぞれのバンドでの電子の波動関数の「位相」をニコニコマークで模式的に表現。

るのは、伝導バンドの底と価電子バンドの頂上付近だけで、その結果、バンドが交差します。そうすると、図7・2(c)のように、上下逆転している部分のバンドが他方のバンドにはまり込みます。つまり、伝導バンドの底付近が価電子バンドの頂上付近の状態にとって代わられ、逆に価電子バンドの頂上付近が伝導バンドの底付近の状態にとって代わられます。

バンドが「ひねられる」

その結果、たとえば、伝導バンドをこの図で左の端からたどっていくと、その底付近で性質が価電子バンドの性質に変わり、底付近の領域を通り抜けるとまた元の伝導バンドの性質に戻るということになります。価電子バンドに関しても同じように伝導バンドの性質が一部に入り込んでいることになります。このような、一種の「ひねられた」バンドに変質してしまいます。これがトポロジカル絶縁体です。

後で、この「バンドのひねり」を電子波の位相という量で表現しますが、漫画的に描くと図7・2（d）（e）のように表されることがあります。ニコニコマークが電子の波の位相だと思ってください。通常の絶縁体（d）では、伝導バンドと価電子バンドのニコニコマークは反対向きをしていて、それぞれが決まった方向を向いていますが、トポロジカル絶縁体（e）では、伝導バンドの底付近だけニコニコマークの向きが逆転しているので、伝導バンドの電子の波が、その底付近で一度ひねられ、底から遠ざかると元に戻るという状態になっているのがわかるでしょう。

価電子バンドの頂上付近でも同じことが起こっています。バンドに入っている電子の波に「ひねり」が入っているのがトポロジカル絶縁体です。ですので、バンドの形を見ているだけでは、その物質がトポロジカル絶縁体か普通の絶縁体かわかりません。そこがやっかいであると同時に、奥深い違いを意味しています。

このことは象徴的に、メビウスの輪で表現されることがあります。メビウスの輪では、表側と裏側が連続的につながっていて、それはちょうど、伝導バンドと価電子バンドの性質が、1つのバンドのなかで連続的につながっているのと似ているためです。それに対して、バンドの「ひねり」がない普通の絶縁体（図7・2（a））は、単純な輪で象徴されます。そこでは表側と裏側はつながることはないのです。つまり、伝導バンドと価電子バンドははっきりと区別され、お互いに混じり合うことはないということを意味します。

伝導バンドと価電子バンドの一部が入れ替わると、それぞれのバンドが「変質」してしまい、以下に述べるように本質的な違いを生み出します。それは、メビウスの輪をどんなに変形しても単純な輪に戻せない、あるいはその逆に単純な輪からメビウスの輪に移すことができないことからわかるように、トポロジカル絶縁体は、形状を変えたり、温度を上げたり下げたり、光を照射したり、磁場をかけたりしても通常の絶縁体物質に戻すことはできないし、その逆もできません。

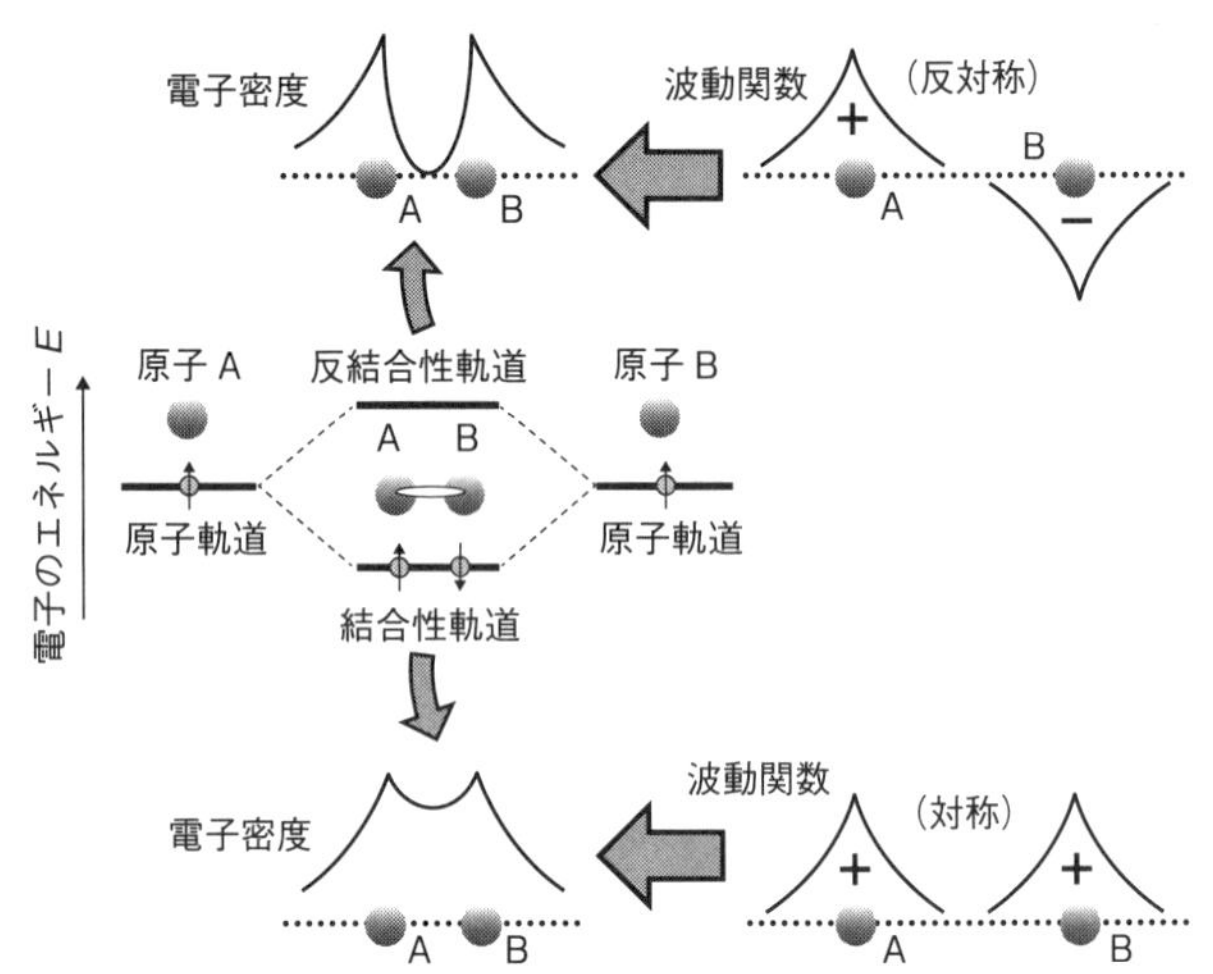

図7.3 隣接原子との間にできる結合性軌道（下）と反結合性軌道（上）の性質。それぞれの原子の価電子の波（波動関数）の分布と、波の重なりによってできる電子密度の分布。

パリティの反転と混ざり合い

伝導バンドと価電子バンドの性質の違いは、その「生い立ち」を思い出してみるとわかります。5・1節の図5・1で説明したように、価電子バンドは結晶のなかで隣り合う原子どうしの結合性軌道からできているのでした。これに対して、伝導バンドは反結合性軌道からできているのでした。

結合性軌道は、図2・1のように、隣接する原子の間で電子の波が重なって強め合って原子どうしを結び付けています。そのことをもっと明確に描くと図7・3のようになります。つまり、結合性軌道は隣接する2つの原子AとBの価電子の波（**波動関数**と呼びます）が同符号で重なるので、2つの原子の間で電子の波が強め合い、そこで電子の密度が濃くなって2つの原子を結び付けています。一方、反結合性軌道では、隣接する2つの原子AとBの価電子の波が反対符号で重なるので、その結果、電子の波どうしが打ち消し合ってしまい、2つの原子の間での電子密度がゼロになってしまいます。その結果、その状態の電子はお互いに斥け合うような分布になるのです。それゆえ、2つの原子AとBを結合することにはなりません。

そうすると面白いことに気づきます。6・2節で紹介した「空間反転対称性」が結合性軌道と反結合性軌道で全く違うのです。図7・3で、結合性軌道の場合、2つの原子からの価電子の波動関数は同じ符号なので、左右を逆転しても何も変わりません。ところが、反結合性軌道の場合、2つの原子の価電子の波動関数の符号が逆なので、左右を逆転すると状況が逆転して全体の符号が変わってしまいます。このように、左右逆転、一般には空間反転をして状況（符号）が変わらない場合を「**パリティ**が偶」、一方、空間反転をして状況（符号）が逆になってしまう場合を「パリティが奇」と呼びます。つまり、結合性軌道は偶パリティであり、反結合性軌道は奇パリティをもつため、空間反転対称性が全く異なるのです。偶パリティを「対称」、奇パリティを「反対称」と呼ぶこともあります。

前にも述べましたが、図7・1（a）にあるエネルギー準位の名前にプラス（＋）とかマイナス（－）と書いてありますが、これはそれぞれの波動関数が偶パリティか奇パリティであることを意味しています。フェルミ準位E_F直上の$P1^+_z$とE_F直下の$P2^-_z$の上下関係が逆転するとパリティが入れ替わるのです。

そうすると、図7・2に戻ってみると、バンド反転によって、奇パリティの伝導バンドの一部に偶パリティの価電子バンドが入り込んでいることになり、逆に、偶パリティの価電子バンドの一部に奇パリティの伝導バンドが入り込んでいるわけで、それぞれのバンドで性質が混ざることになります。これによって、それぞれのバンドの性質が何か根本的に変わってしまうこと、そしてこのバンドの混合はそう簡単には元に戻らないことは想像に難くないでしょう。これが、トポロジカル絶縁体の性質が「頑強」（英語ではロバスト）であることの理由です。

多くの物質の性質の違いは、図4・3や図5・1（e）に示したように、バンドの形（バンドが急峻か平べったいか、2次関数的か直線的かなど）やバンドの間のバンドギャップの大きさが違うことで説明されますが、トポロジカル絶縁体では、バンドの形が変わるというレベルの話ではなく、バンドそのものが変質してしまうのです。母親の遺伝子と父親の遺伝子が入り混じった新しい遺伝子をもつ子供が、全く別の人格をもつ人間になるのと似ています。

7・2 トポロジカル表面状態―「国境」の状態―

「道路の交差」のような「バンド交差」

図7・2で示したように、メビウスの輪で象徴されるトポロジカル絶縁体と、単純な輪で表される普通の絶縁体を接触させると、その接触面はどうなっているのでしょうか。それは、メビウスの輪と単純な輪をどうやったらうまく接続できるか、という問いに言い直せるでしょう。また、真空（空気の有無は本質的でないので、空気中のことも含めて真空と呼ぶことにします）は普通の絶縁体とみなせるので、真空とトポロジカル絶縁体の接触面、つまりトポロジカル絶縁体の物質表面も同じことで、メビウスの輪と単純な輪が接続する場所です。トポロジカル絶縁体の表面で伝導バンドや価電子バンドはどうなっているのでしょうか。

メビウスの輪を単純な輪にするには、一度輪をハサミで切ってひねりを戻して再び接続し直す必要があります。それ以外の方法でメビウスの輪を単純な輪に戻す方法はありません。逆に、単純な輪をメビウスの輪にするにも、同じように輪を一度切ってひねった後でつなぎ直すしかありません。ですので、トポロジカル絶縁体と普通の絶縁体の接触面、あるいはトポロジカル絶縁体の物質表面では、この「ハサミで輪を切ってひねってからつなぎ直す」という操作に相当する現象が起こっています。

具体的に言えば、図7・2で、トポロジカル絶縁体（c）の状態から（b）の状態を経て普通の絶縁体（a）の状態に戻るので、接触面や表面では（b）の状態になっているのです。つまり、接触面や表面ではバンドが交差してバンドギャップのない状態、つまり金属の状態ができているのです。

トポロジカル絶縁体では、その内部ではバンド反転していますが、バンドギャップが開いている絶縁体であることには変わりありません。ですが、その表面では「**バンド交差**」状態になり、バンドギャップのない状態、つまり金属の状態になっているのです。この表面での金属的な電子状態を「**トポロジカル表面状態**」と呼びます。これは物質内部（バルク）の事情で仕方なく表面（エッジ）の性質が金属状態になっているわけで、このバンド交差はあたかも、序章で比喩に出した国境での「道路の交差」のような状況になっています。この関係は、バルクの性質がエッジの状態を決めているという意味で「**バルク・エッジ対応**」といわれることがあります。内部でのバンド反転という状況を解消しない限り表面での金属的な表面状態は消えないのです。

反転した伝導バンドと価電子バンドをつなぐ

この状態を運動量空間で模式的に描くと図7・4になります。物質内部には、伝導バンドと価電子バンドがあり、その間にはバンドギャップが開いているので絶縁体です。しかし、伝導バンドの底付近と価電子バンドの頂上付近が入れ替わっています（バンド反転）。その結果、バンドギャップのなかにトポロジカル表面状態となるバンドができて、伝導バンドと価電子バンドをつないでいます。そのため、フェルミ準位がどこにあっても表面状態のバンドを切るので金属の状態になります。物質内部が絶縁体だが、物質表面は金属になるというトポロジカル絶縁体の性質が表されています。

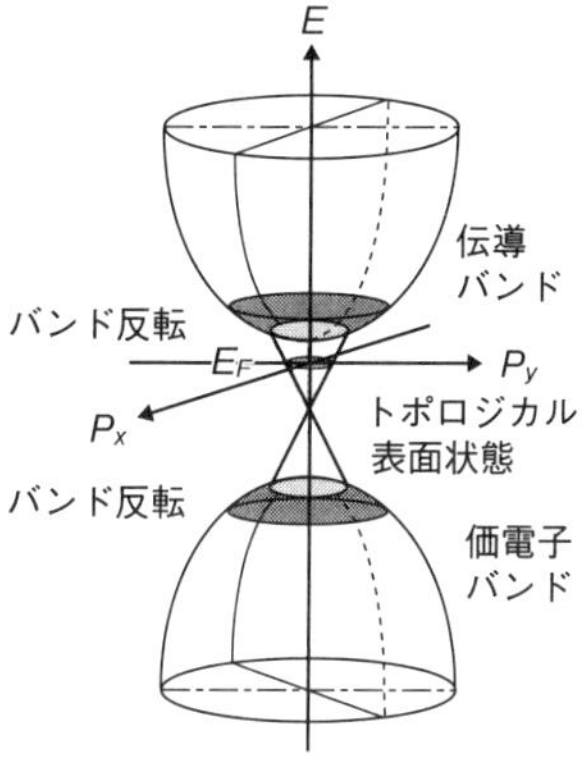

実際、図7・1に示したトポロジカル絶縁体の代表例であるセレン化ビスマスの実験で測定されたバンド分散図（図7・1（b））を見ると、伝導バンドと価電子バンドの間にあるバンドギャップの領域に、X字の形になって2本の線が交差しているのが描かれています。これがトポロジカル表面状態です。この状態は、バンドギャップの領域で上から下まで伸びていて、伝導バンドと価電子バンドをつないでいますので金属的な状態になっています。

図7.4 トポロジカル絶縁体のバンド分散図の模式図。

このトポロジカル表面状態のバンドの形は、図

4・3（b）（d）のように直線が交差する形になっていますので、4・3節で説明したディラック錐になっています。したがって、このバンドでの電子はディラック電子です。図7・1（b）の伝導バンドの底や価電子バンドの頂上付近のバンドは丸まっていて、2次関数に近い形をしていますので、そこでの電子は図4・3（a）（c）で示したシュレディンガー電子になっています。つまり、物質内部にいる電子はシュレディンガー電子でバンドギャップのある絶縁体状態になっているが、その物質表面にいる電子は金属的なディラック電子になっているというのがトポロジカル絶縁体なのです。つまり、トポロジカル絶縁体の表面では、フェルミ円で表されるようなディラック電子が自由に走り回っているのです。

ディラック電子は、3・5節で紹介したグラフェンにも存在していました。しかし、次節で紹介するように、トポロジカル表面状態のディラック電子は、スピン軌道相互作用が効いているのでスピンが重要な役割を演じ、グラフェンのディラック電子とかなり違います。

トポロジカル表面状態は頑強

中身は絶縁体なのに表面だけが金属になっているという物質は、実は以前からたくさん知られていて、何も珍しいものではありません。たとえば、代表的な半導体であるシリコン（Si）結晶をある特定の方向（(111) 方位）で切り出した結晶表面では、金属状態のバンドが存在することが昔から知られていました。それは、結晶の最表面のシリコン原子には、結合する相手となる原子が真空側にはいないので、共有結合を作る「結合の手」となる電子が余ってしまい、それが金属的なバンドを作っているのです。ですので、私が専門とする表面物理学の分野では、結晶の中身が絶縁体（あるいは半導体）でも表面だけが金属という物質はたくさん知られていました。

しかし、シリコン結晶の表面では、たとえば空気にさらして酸化されると、その金属的な表面電子状態は消えてしまいます。最表面のSi原子の余っていた「結合の手」が酸素原子と化学結合を作るので、その結果、図5・1に描いた結合性軌道と反結合性軌道にエネルギー状態が分裂し、それが表面での価電子バンドと伝導バンドになり、その間にバンドギャップを作り、表面でも絶縁体の状態になってしまうからです。ですので、シリコンはトポロジカル絶縁体ではなく、普通の絶縁体（半導体）です。

一方、トポロジカル絶縁体では、物質の中身のバンド反転がなくならない限り、その表面での金属的な状態は消えないのです。たとえば、トポロジカル絶縁体物質の表面を酸化させると、その表面での酸化層はトポロジカル絶縁体ではなくなり普通の絶縁体になりますが、その酸化層の下はトポロジカル絶縁体であり続けるので、今度は酸化層とトポロジカル絶縁体との境界面に金属的なトポロジカル表面状態（界面状態というべきか）が存在することになります。つまり、金属的なトポロジカル表面状態が最表面から表面酸化層の下に移動したことになります。道路が左右逆の2つの国の間の国境線の場所を移動しても「道路の交差」現象がなくならないのと同じです。

ここが、原子どうしの化学的な結合の状態で性質が決まる従来の物質と、トポロジカル物質が違うところです。トポロジカル表面状態は、原子の化学的な結合の状態で性質が決まっているわけではなく、物質の「端」という理由だけで、物質の内部と表面の性質が違ってくるのです。「バルク・エッジ対応」とか「トポロジカルに保護された表面状態」と言われるゆえんです。「トポロジカルに保護された」とは、物質内部でのバンドの「ひねり」、つまりバンド反転が解消されない限り消えることはない、という意味です。

量子ホール効果と似ている

トポロジカル絶縁体では、その内部が絶縁体で電気を通さないのに、その表面（エッジ、端）は金属になっていて電気を流すという性質をもつと聞いて、記憶力のよい読者は3・6節で説明した量子ホール効果を思い出したでしょう。その節のタイトル「量子ホール効果―トポロジカル物質のさきがけ―」の意味が今、明らかになります。

3・5節で紹介した薄い膜やグラフェン（2次元電子系）に対して、垂直に強い磁場をかけると、図3・12（c）（d）に示したように、内部では電子がその場でくるくる回って「局在」してしまい、電流を流そうとしても流れず絶縁体状態になります。しかし、その膜の端（エッジ）では、電子が端で反射されるために円弧を描きながらスキップするように一方の端から他方の端に流れることができます。つまり金属状態になっています。これが量子ホール効果状態でした。このような膜の内部と端の違いは、原子結合のような化学的状態の違いから生まれているわけではなく、単に物質の内部か端かという違いから出てきた性質の違いです。

そうすると、トポロジカル絶縁体の仕組みを知った読者は、この量子ホール効果状態になっている2次元電子系は、その周りの真空とはトポロジカルに違った状態、つまり「ひねり」の入った電子状態になっているのではないかと想像するでしょう。そして、このエッジにできる金属的な状態が、トポロジカル表面状態に対応するのでは、と。

物理学の難解な理論によると、実はその通りなのです。量子ホール効果とトポロジカル絶縁体は同様の理論的枠組みで理解されるのです。その数学的な理論は大学院レベルなので詳しくは説明しませんが、外部磁場によって電子のエネルギーが変化し、その状態は、ちょうど図7・2（c）の伝導バンドや価電子バンドのように、そこでの電子状態が「ひねられて」いるのです。トポロジカル絶縁体は仮想磁場によって電子状態がひねられたのですが、量子ホール効果では外から印加するリアルな磁場によって電子状態のひねりができたといえます。量子ホール効果ではリアルな磁場がかかっていますので、時間反転対称性が破れています。ですので、量子ホール効果状態を、「時間反転対称性の破れたトポロジカル絶縁体」と呼ぶこともあります。

ＴＫＮＮ数─物質を区別する指数─

量子ホール効果状態やトポロジカル絶縁体のように電子状態がひねられているか、あるいはひねられていない普通の絶縁体かを区別する指数があります。それは「**ＴＫＮＮ数**」と呼ばれていますが、その名前の由来は、４人の物理学者、サウレス、甲元（こうもと）、ナイチンゲール、デンニイスの名前の頭文字です。２０１６年のノーベル物理学賞は、このＴＫＮＮ理論の構築も受賞業績に挙げられており、サウレスが代表して受賞しています。日本人の甲元眞人は受賞にはいたりませんでしたが、この理論の構築に大きな貢献をしました。ＴＫＮＮ理論は、量子ホール効果をトポロジーの概念を使って解釈し直し、それが、その後トポロジカル絶縁体の発見につながっていくことになったので、物理学史上、極めて重要な理論なのです。

ＴＫＮＮ数は整数値しかとりません。普通の絶縁体ではその値がゼロ、トポロジカル物質ではゼロでない値をとります。例えて言うなら、ＴＫＮＮ数とは、図７・２で描いたメビウスの輪のひねりの回数と思っていいかもしれません。ひねりの回数がゼロの場合、つまり単純な輪の場合が普通の絶縁体に対応し、ひねりの数が１回以上のメビウスの輪がトポロジカル絶縁体に対応します。ＴＫＮＮ数を正確に説明するには、後の第８章で説明する電子の「波動関数」の「位相」

の概念を理解する必要があります。波動関数とは、電子の波としての性質を数学的に表現したもので、その「位相」によって今まで述べてきた「ひねり」が表現されます。その話はかなり難しいので第8章ですることにして、トポロジカル表面状態がどんな性質をもつのか、という説明を先にします。

7・3 ヘリカルディラック電子——スピンが主役——

スピンと運動の向きは常に直角

ここで、トポロジカル絶縁体のもとになっている仮想磁場を思い出してください。とくに、仮想磁場の方向と電子の運動方向の関係についてもう一度考えてみます。図6・9や図6・10で説明したように、電場のなかを運動している電子には、その電子の静止系で見ると仮想磁場がかかっていて、その仮想磁場の向きは必ず実験室系での電子の運動方向に対して直角でした。

一方、図6・11で述べたように、電子のスピンは磁場と平行方向に向きます。それはリアルな磁場の場合でも仮想磁場の場合でも同じでした。

この2つを考え合わせると、図7・5（a）に示すように、電子のスピンは、その電子の運動

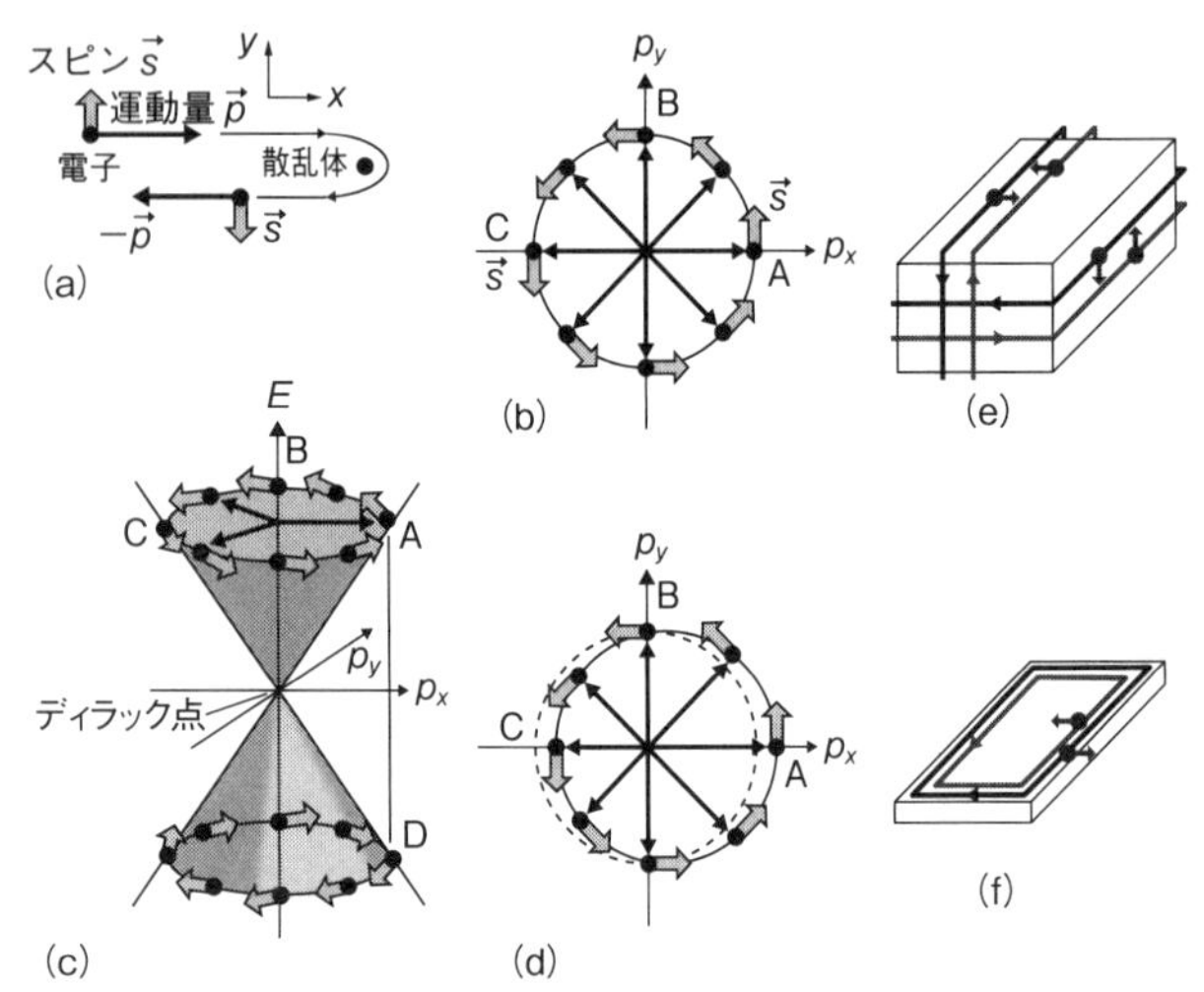

図7.5　トポロジカル表面状態の電子。(a) 運動量とスピンの関係。(b) フェルミ面での電子の運動量とスピン。(c) ヘリカルディラック錐。(d) 電流が流れているときのフェルミ面での電子の運動量とスピン。(e) 3次元トポロジカル絶縁体での表面状態。(f) 2次元トポロジカル絶縁体でのエッジ状態。

方向に対して必ず直角方向で左向きに向いていることになります。

一方、図7・4で示したバンド分散図で述べたように、フェルミ準位は、伝導バンドと価電子バンドの間に位置しているディラック錐の途中を横切っている場合、フェルミ面は円になり、電子は自由に表面上を動き回っているということでした。

これらのことを考え合わせると、図7・5（b）に示すように円状のフェルミ面上に電子（黒丸で示す）がいることになり、そこでの電子Aと電子Cを比べると、運動量ベクトル$\vec{p}$（黒い矢印）が逆向きなので、その電子のスピン$\vec{s}$（太い矢印）の向きも逆向きとなります。フェルミ面上での他の電子を見ると、いろいろな向きに運動していますが、どの電子のスピンも常に運動量ベクトルに対して直角で左向きです。このような現象を「**スピン・運動量ロッキング**」と呼びます。電子のスピンの向きと運動の向きがロック（固定）されているので、電子の運動の向きが決まれば、その電子のスピンの向きが常にその直角左向きに決められ、逆に、スピンの向きが決められれば、その電子は必ずそれと直角方向に運動するという意味です。

グラフェンのように仮想磁場がほとんどない物質では、電子のスピンの向きと運動の向きの関係は決まっているわけではありませんので、スピンの向きはバラバラです。スピン・運動量ロッキングは、スピン軌道相互作用が強い物質、とくにトポロジカル絶縁体の重要な性質の一つです。

スピンの向きがそろった電流

そうすると、たとえば、$-x$方向に電流が流れている状況を考えると、そのとき伝導電子は$+x$方向に流れていますので、スピンは$+y$方向にそろっていることになります。スピンが一方向にそろって流れる電流を「**スピン偏極電流**」といいますが、トポロジカル絶縁体の表面では、スピン・運動量ロッキング効果によって自動的にスピン偏極電流が流れることになります。これに対して、普通の（常磁性体の）物質を流れる伝導電子のスピンはバラバラの向きになって流れています。

しかし、ここで図4・1（d）を思い出してください。電子が$+x$方向に流れているとは言っても、一方通行の道路を多数の車が一方向に走るように電子が流れているわけではなく、個々の電子はいろいろな向きに動いていて（図4・1（c））、その速度ベクトルのうち、$+x$方向の成分が幾分大きいために、全体として$+x$方向に電子が流れているように見えるということでした。

このこととスピン・運動量ロッキングをあわせてスピン偏極電流を考えてみます。

まず、電流が流れていない状態の図4・1（c）は、トポロジカル絶縁体の場合には図7・5（b）のようになります（省力のためフェルミ面上での電子の数を少なく描いています）。つまり、それぞれの電子について、黒線の矢印で示された運動量ベクトルに対して、太い矢印で示されたスピンが直交しています。しかも、それぞれの電子の運動の向きが違うので、それぞれの電子のスピンの向きも違うことになります。ですので、電流が流れていない状態では、全体として総和をとればスピンはゼロとなり、図3・5（a）で描いた磁石のように一定方向にスピンの向きがそろって磁化が発生しているわけではないのです。それゆえ、トポロジカル絶縁体は磁性をもたず、その結果、時間反転対称性が保たれているのです。

ところが、電流が流れると図4・1（d）のようにフェルミ円がずれること、さらに図7・5

（b）のようなスピンと運動量の向きの関係を考え合わせると、図7・5（d）のように、$+x$方向に流れる電流は、それと直角方向の$+y$方向のスピンをもつ電子の流れが優勢になるので、全体として$+y$方向にスピン偏極した電流になるのです。これをエーデルシュタイン効果と呼びます。

スピンの向きが固定されているディラック錐

トポロジカル絶縁体表面でのトポロジカル表面状態では、エネルギーと運動量との関係が図4・3（b）（d）で描いたディラック錐の状態になっていると説明しました。それと図6・11に示したスピンの向きによってエネルギーが異なること、つまり、リアルな磁場でも仮想磁場でも、そのなかにいる電子のスピンは、磁場に対して図6・11（a）に示した向きになりたがり、図6・11（b）の向きはエネルギーが高くて不安定ということを考え合わせると、ディラック錐の電子のスピンは図7・5（c）のようになっています。

ここで、電子Aと電子Dを見比べると、運動量が同じにもかかわらず、スピンの向きが逆になっていて、電子Aが高いエネルギー状態に、電子Dが低いエネルギー状態になっています。それは図6・11（c）の関係と同じです。その結果、電子Aがいる断面の円ではスピンの向きが反時計回りになっているのに対して、電子Dがいる断面の円では、時計回りのスピンの向きになっています。このように、ディラック点を境に、ディラック錐上でスピンの回り方が逆になっています。ここで注意することは、この図は運動量空間での状態を示したものであって、実空間でスピンが時計回りや反時計回りに回っているわけではないのです。

また、電子Aと電子Dのスピンの向きが逆向きになっているにもかかわらず、両方ともスピンがディラック錐の切り口の円の接線方向になっています。図7・5（a）で示した運動量とスピンが必ず直交するというスピン・運動量ロッキング効果のためですが、面白いことに運動量に対するスピンの向きが電子Aと電子Dが逆になっています。

このような状態を「**ヘリカルディラック電子**」状態といいます。

トポロジカル絶縁体では、仮想磁場だけがかかっていてリアルな磁場はかかっていないので、時間反転対称性が保たれているということでした。そうすると、図6・8で説明した対称性を思い出すとこうなります。たとえば、図7・5（c）の電子Aの状態（$+p_x$, →）を時間反転した状態は、電子Cの状態（$-p_x$, ←）です。図6・8で説明したように、時間反転操作によって、運動の向きだけでなくスピンの向きも逆転することを思い出してください。時間反転対称性が保持されているので、この2つの状態、電子A（$+p_x$, →）と電子C（$-p_x$, ←）は同じエネルギーをもつことになります。しかし、運動の向きと速さが同じでも反対向きのスピンをもつ電子D（$+p_x$, ←）と電子A（$+p_x$, →）は異なるエネルギーをとります。このように、トポロジカル表面状態での電子は、スピンの向きに絡んで特徴的な性質をもちます。

このような一風変わった電子状態になっているトポロジカル絶縁体では、どんな現象が現れるのでしょうか。実際に観察される現象として、スピン偏極電流が表面で流れることはすでに説明しましたが（図7・5（d））、次に説明するように、伝導電子の180度後方散乱が禁止されたり、純スピン流が流れたり、スピンを注入すると自発的に一方向に流れる電流が生み出されたり、といった現象が起こります。そのような現象は、いろいろ役立つ機能として利用できそうだと期待され、現在、基礎研究とともにトポロジカル絶縁体を使った高性能トランジスターや光センサーなどのデバイスへの応用研究も盛んに行われています。

後方散乱の禁止

図3・11に示したように、伝導電子が物質内やその表面を流れるとき、物質中に存在する不純物原子や欠陥に衝突していろいろな方向に弾き飛ばされます。この散乱の現象を、トポロジカル絶縁体のなかや表面で考えてみます。とくに、伝導電子が、不純物原子や欠陥に衝突して180度逆向きに散乱される、つまり、運動の向きが逆転する場合を考えてみましょう。

図7・5（a）に示すように、スピン・運動量ロッキング現象が効いているので、不純物等による散乱によって運動の向きが180度逆転するためには、スピンの向きも逆転しなければなりま

せん。図7・5（b）では、電子Aが散乱されて逆向きの運動量をもつと電子Cに移ることになるのですが、電子Cのスピンは電子Aと逆向きになっています。この現象を逆に言えば、スピンの向きが逆転できない場合には、運動の方向は逆転できないということになります。

ところが、伝導電子の散乱で、スピンの向きを逆転させることは簡単ではありません。スピンの起源を模式的に描いた図3・3まで立ち戻ると、スピンとは電子の「自転」でしたので、スピンの向きを逆転させるためには、電子の「自転」の向きを逆転しなければなりません。単に運動の方向を変える散乱だけでは、自転の向きを逆転できないことは想像できるでしょう。逆回りの「自転の素（もと）」（これを角運動量といいます）を電子に与えないとスピンの向きは逆転しません。「自転の素」は、スピンをもつ原子でないと与えられないのです。つまり、スピンをもっている磁性原子との衝突でなければ伝導電子のスピンの向きを逆転させることができないのです。ところが、トポロジカル絶縁体は磁性原子を含んでいませんので、スピンを逆転することができません。したがって、そこでは180度後方散乱はできないことになります。この「**180度後方散乱の禁止**」は、スピン・運動量ロッキングの効果が実際の現象として現れた結果です。実際、この現象は実験によって確かめられています。

普通の（磁性体でない）物質の場合には、スピンの向きは自由にどちらを向いていてもかまわないので、このような後方散乱の禁止現象は起こりません。そのため、どんどん後方散乱されるので、電子はなかなか前に進めません。それが電気抵抗の原因になるのです。

この180度後方散乱の禁止現象によって、伝導電子は後ろ向きに散乱されることなく、どんどん前に進むしかないので、電気をよく流したい場合には都合がいいのではないかと思うかもしれませんが、話はそれほど単純ではありません。実は、この現象はトポロジカル絶縁体の内部や表面ではあまり劇的な効果をもたらしません。なぜなら、物質中や物質表面では3次元または2次元なので、図3・11に示したように、電子は180度以外の角度でいろいろな方向にたくさん散乱されます。たとえば、170度の散乱なども起きます。進行方向が170度変わった場合、スピン・運動量ロッキング効果があっても170度方向に散乱される確率がゼロではないのです。つまり、180度の後方散乱だけの確率が厳密にゼロになるのですが、その他の角度への散乱は、多少抑制されますが禁止されるわけではありません。ですので、全体として伝導の妨げになる散乱が劇的に減るとは言えないのです。

ところが、1次元伝導体の場合には、図3・11のように散乱体の左や右、上や下への散乱がもともとないので、0度の散乱（つまり前方散乱）と180度後方散乱の2つしか起こりえません。ですので、180度後方散乱が禁止されれば、伝導電子は前に進むしかないので、電子が伝導しやすくなることは容易に想像できるでしょう。後で述べますが、2次元のトポロジカル絶縁体や磁性トポロジカル絶縁体表面では、図3・12（c）に示した量子ホール効果のように物質の端にだけ電流が流れるエッジ状態ができますが、それは1次元の伝導の通路です。そこでは、180度後方散乱の禁止のため、欠陥や不純物があっても後方散乱が起きずに電流（やスピン流）が高速道路を走る車のように何物にも邪魔されることなくスーッと流れることになります。

純スピン流が物質表面や端を流れる

強い磁場を印加してできる量子ホール効果状態では、図3・12（c）に示したように、物質の外周を時計回りに回るエッジ電流が流れていました（3・6節参照）。しかし、図3・12（d）に示すように、物質のなかに穴を開けると、その穴のエッジには、反時計回りに回るエッジ電流が流れるのでした。図3・12（b）で示したローレンツ力の向きを考えると、このようなエッジを流れる電流の向きが決まってしまい、決して逆向きには流れません。一方向に電流が流れるエッジ状態を「**カイラルエッジ状態**」と呼ぶことがあります。これは、磁場を印加すると時間反転対称性が破れるので、6・1節で述べたように、逆向きの流れができないのです（図6・3）。しかし、もちろん逆向きの磁場をかけると、エッジを流れる電流の向きも逆転します。

トポロジカル絶縁体の場合はどうでしょうか。ここではリアルな磁場が印加されていないので、時間反転対称性を破ってはいません。スピン軌道相互作用が強いために、仮想磁場がかかっているのですが、仮想磁場は時間反転対称性を破りません。そうすると、前にも述べましたが、

図7・5（c）のヘリカルディラック錐上の電子A（$+p_x$, →）と電子C（$-p_x$, ←）は時間反転対称の関係にあり、その2つの電子のエネルギーは等しいということでした（図6・8も思い出してください）。電子Aと電子Cは逆向きのスピンをもって逆方向に流れる電子です。つまり、トポロジカル絶縁体の表面では、図7・5（e）に模式的に示すように、表面上をある方向に電流が流れていると、それに直角方向にスピンが偏極した電流となって流れていますが、そうすると必ず、その真逆の向きのスピンをもつスピン偏極電流が逆向きに流れていることになります。そして、この2つの真逆の流れは、前に述べたように180度後方散乱が禁止されているので、お互いに乗り移ることができません。

そうすると、両者の電流は時間反転対称の関係にあり、反対向きに電流が流れていますので、全体として電流は相殺されてゼロです。しかし、反対向きのスピンが反対向きに流れていますので、これは、図3・9に出てきた「**純スピン流**」が流れていることになります。電荷の流れを伴わないスピンだけの流れです。上向きスピンが$+x$方向に流れていると言ってもいいし、下向きスピンが$-x$方向に流れていると言ってもかまいません。とにかく、スピンの流れがゼロでないのは確かです。

図7・5（b）を見ると、電子AとCのような時間反転対称の関係にある電子のペアがフェルミ円上の他の角度に対してもたくさん存在しています。つまり、図7・5（e）に模式的に示し

たような純スピン流が縦横無尽にいろいろな方向に表面上を流れているのです。

薄いシート状の2次元トポロジカル絶縁体の場合には、3次元トポロジカル絶縁体の表面状態に相当するものとして、図7・5（f）に示すように、1次元的なエッジ状態が試料の端にできます。つまり、2次元電子系の中と外でトポロジカルに違っている状態なので、その境界であるエッジに金属的な電子状態ができるのです。トポロジカル表面状態と同じ考え方です。このエッジ状態でも、スピン・運動量ロッキングと時間反転対称性のために、特定の向きのスピンをもつスピン偏極電流と、それと逆向きスピンの偏極電流が逆向きに流れているので、全体として電流はゼロになるのですが、純スピン流が流れていることになります。この逆向きの2つの電子の流れも、上述の180度後方散乱禁止のために混じり合うことはありません。

この薄いシート状の2次元トポロジカル絶縁体のエッジ状態は、「**ヘリカルエッジ状態**」と呼ばれ、量子ホール効果のカイラルエッジ状態とは似ていますが、本質的に違っています。カイラルエッジ状態では図3・12で描いたように、エッジに沿って一方方向に電流（電荷）が流れているのですが、ヘリカルエッジ状態では電流（電荷）が流れず、純スピン流が流れています。

このように、電池をつないでいるわけでもないのに純スピン流がトポロジカル絶縁体の表面や端で自然に流れているなんて、とっても不思議です。

電流を測定できる電流計は存在しますが、純スピン流を測定できる「純スピン流計」はまだ存在しないので、純スピン流を直接検出することは今のところ不可能です。純スピン流を電圧か電流に変換して間接的に検出するしか方法はありません。そのような方法で実際に純スピンを検出できています。

電荷の流れである電流のほかに、純スピン流というものが存在し、それが間接的とはいえ実際に検出可能だということが、ここ10年程度の研究でクローズアップされてきました。純スピン流が流れているのに電流がゼロなので、ジュール熱の発生がありません。ですので、超省エネのデバイスを作るのに利用できないか、盛んに研究されています。これができれば、スマートフォンやパソコンが熱くならないのでバッテリーが長持ちします。

スピンを注入すると電流が流れる

スピン・運動量ロッキング効果のために生じる別の現象を紹介しましょう。たとえば、図7・5（b）の電子Aと同じ上向きのスピンをもつ電子をトポロジカル絶縁体の表面に入れたとしましょう。それは、たとえば、図3・2で紹介した走査トンネル顕微鏡で、鋭く尖らせた針を磁性体で作り、針のスピンの向きを上向きにすると、上向きスピンの電子を試料側に注入することができます。そうすると、図7・5（b）が意味することは、上向きスピンの電子は、電子A以外の場所に入ることができないので、注入された電子は、電子Aのように必ず$+x$方向の運動量

$+p_x$をもつ状態に入ります。つまり、その電子は$+x$方向に走り出します。スピン・運動量ロッキング効果のために、特定の向きのスピンをもつ電子は特定の方向に運動せざるを得ないのです。

逆向きのスピンをもつ電子をトポロジカル絶縁体の表面に注入すると、その電子は必ず電子Cの状態に入ることになるので、$-x$方向に走り出します。このようにスピンの向きを指定した電子を入れると、その電子は決まった方向に流れることになります。これを「**逆エーデルシュタイン効果**」と呼んでいます。これは、(正)エーデルシュタイン効果の逆なのですが、「**エーデルシュタイン効果**」とは、図7・5(d)に示したように、電流を流すと特定方向にスピンが偏極した電流が流れる現象を指します。逆エーデルシュタイン効果は、特定方向のスピンをもつ電子を物質に注入すると特定方向に電流が流れ出すという現象です。

この現象は、磁性体の針を使った走査トンネル顕微鏡だけでなく、たとえば、太陽電池のように光を照射して伝導電子を励起して光電流を作り出すときにも現れます。実は円偏光という光の性質を使うと、決まった向きのスピンをもつ電子を価電子バンドからトポロジカル表面状態のバンドに励起することができます。そのスピンの向きが上向きか下向きか(電子Aか電子Cか)に応じて、光電流が右に流れるのか左に流れるのか決まります。この現象を、「**円偏光フォトガルバニック効果**」と呼ぶこともあります。この性質を利用すれば、今までと違った原理ではたらく太陽電池を作ることができます。つまり、太陽光を円偏光にしてトポロジカル絶縁体に照射すると、一定方向の電流が自然と流れるというものです。もちろん、従来型の太陽電池に比べて効率が良いとか利点がなければ実用化されませんが、トポロジカル絶縁体を使った新しい原理ではたらく太陽電池は研究する価値のある魅力的なテーマです。

従来の太陽電池は、半導体のｐｎ接合という性質を利用して半導体のなかに電場を作っておき、太陽光で励起された電子が、その電場によって一定方向に流れるという仕組みになっています。しかし、そのとき、電子は電場、つまり電位の坂道を流れ落ちるので、必然的にエネルギーを散逸して熱を発生します。つまり、光のエネルギーの一部が熱エネルギーになってしまい、その分だけ電気エネルギーとして取り出す量が減ってしまいます。しかし、トポロジカル絶縁体での上述の円偏光フォトガルバニック効果では、ｐｎ接合のような電場を利用していないのでエネルギー散逸はありません。これによって高効率の太陽電池になる可能性があります。

スピン・運動量ロッキング効果がない物質の場合、ｐｎ接合がなければ、光で励起された光電流は左右等しく等方的に流れてしまい、全体として一方方向に流れることはありません。3・2節で紹介した走査トンネル顕微鏡の針から注入された電子も等方的に広がって流れます。しかし、スピンの向きを制御すると、スピン・運動量ロッキング効果によって、その対称性が破れて、どちらか一方方向に優勢に電流が流れるわけです。このように右向きには流れやすく左向きには流れにくいというように、左右の向きで性質が違うことを一般的に「非相反」現象といいますが、トポロジカル絶縁体は非相反現象の新しい舞台となり、それを利用して新しいデバイスを作るというアイディアが出てきています。

第8章 電子波の位相

トポロジカル絶縁体のバンドを説明した図7・1や図7・2で、電子の波が「ひねられている」という表現を使い、それは電子の波動関数の位相で説明されると書きましたが、この章で電子の位相について詳しく説明しましょう。

―8・1― 電子波の位相 その1――力学的位相――

電子は粒子であると同時に波でもあるという不思議な性質をもつことを1・4節で述べました。電子が決まった値の質量、電荷、スピンをもつことは、何か実体が1ヵ所に局在した粒子をイメージさせます。しかし、その一方で、電子の回折現象（図1・3）、トンネル現象（図3・1）、

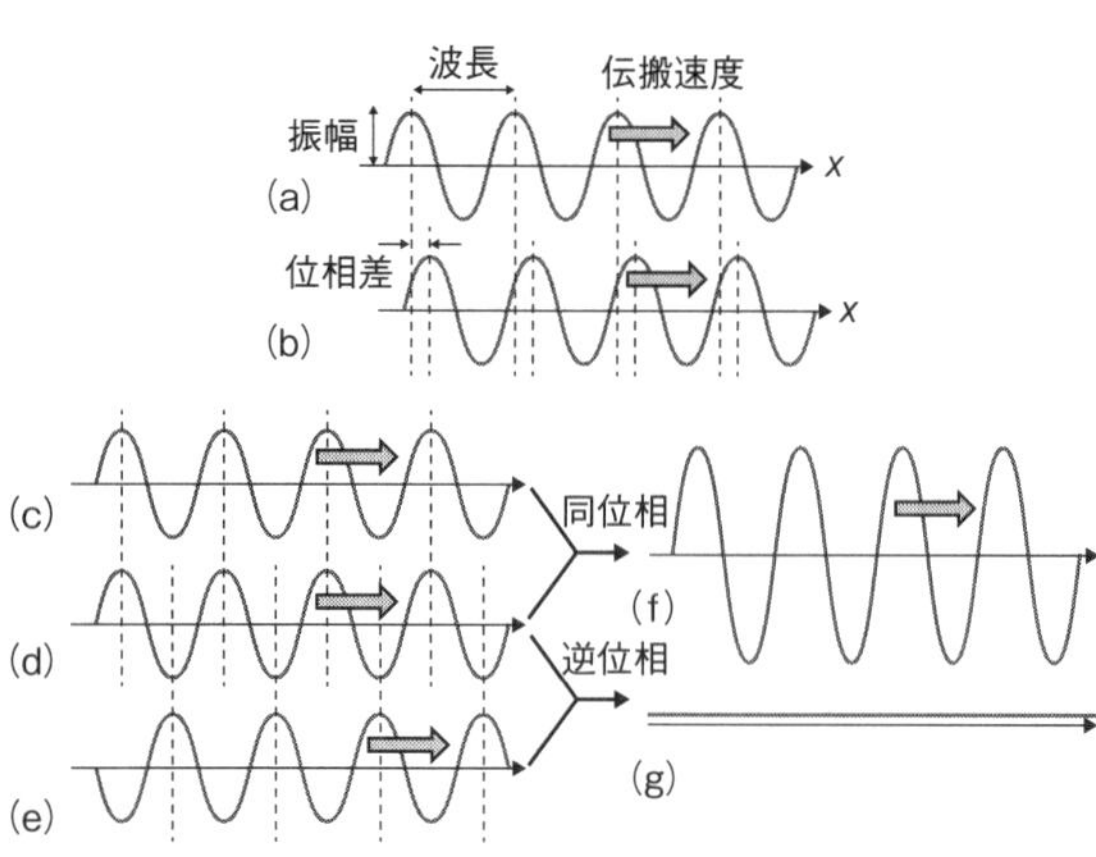

図8.1　波の位相と干渉。

原子の安定性（図1・4）などのさまざまな量子力学的現象は、何か広がりをイメージさせる電子の波動性を使って説明されます。この電子の粒子・波動二重性が量子物理学の「肝」なのです。

電子波の伝搬と位相

電子の波に限らず音や水面の波なども含めて、一般に波を規定する性質には、波が進む速度、波の振幅、波の波長、そして波の位相の4つがあります。4・4節では、速度、運動量、波長、波数などに関して電子の波動描像と粒子描像との関係を説明しましたが、位相については説明しませんでした。

図8・1（a）にはx方向に伝搬する波を模式的に描いています。図8・1（a）に描いた波と（b）に描いた波を見比べてみると、波長や振幅、伝搬速度は同じですが、波の山や谷の位置がそれぞれ少し

ずれているのがわかります。これを位相のずれ（**位相差**）といいます。この波が右に伝搬しているとき、x軸のある地点で波に乗っているとします。そうすると、（a）の波の振動の様子は（b）の波の振動より少しタイミングが遅れているのが想像できるでしょう。（a）の波は（b）の波より位相が少し遅れているといいます。

波の位相は、2つの波を重ね合わせるときに重要になります。図8・1（c）と（d）の波のように**同位相**（位相差がない状態）の2つの波を重ねると、それぞれの波の山と山、谷と谷が重なるので、その結果、（f）に示すように2倍の振幅をもつ大きな波になります。一方、（e）に示すように、（d）の波と比べると、山と谷が逆になっている波、これを**逆位相**の波といいますが、それを重ね合わせると、（d）の波の山が（e）の波の谷に重なり、逆に（d）の波の谷が（e）の波の山に重なるので、2つの波でお互いに打ち消し合って、その結果（g）に示すように波の振動はなくなってしまいます。つまり、波は消えてしまいます。

実は、この逆位相の波は、ノイズキャンセリングヘッドフォンやイヤフォンに利用されています。電車のなかで音楽を聴いているときに、電車の周期的な雑音と同じ波長の音を逆位相で発生させて耳に送り込み、その雑音に対する鼓膜の振動を打ち消して、音楽の音のみを鼓膜の振動として伝えるという仕掛けです。波の物理の原理を利用したハイテク機器です。

このように、2つの波が重なって強め合ったり打ち消し合ったりする現象を「**干渉**」と呼びま

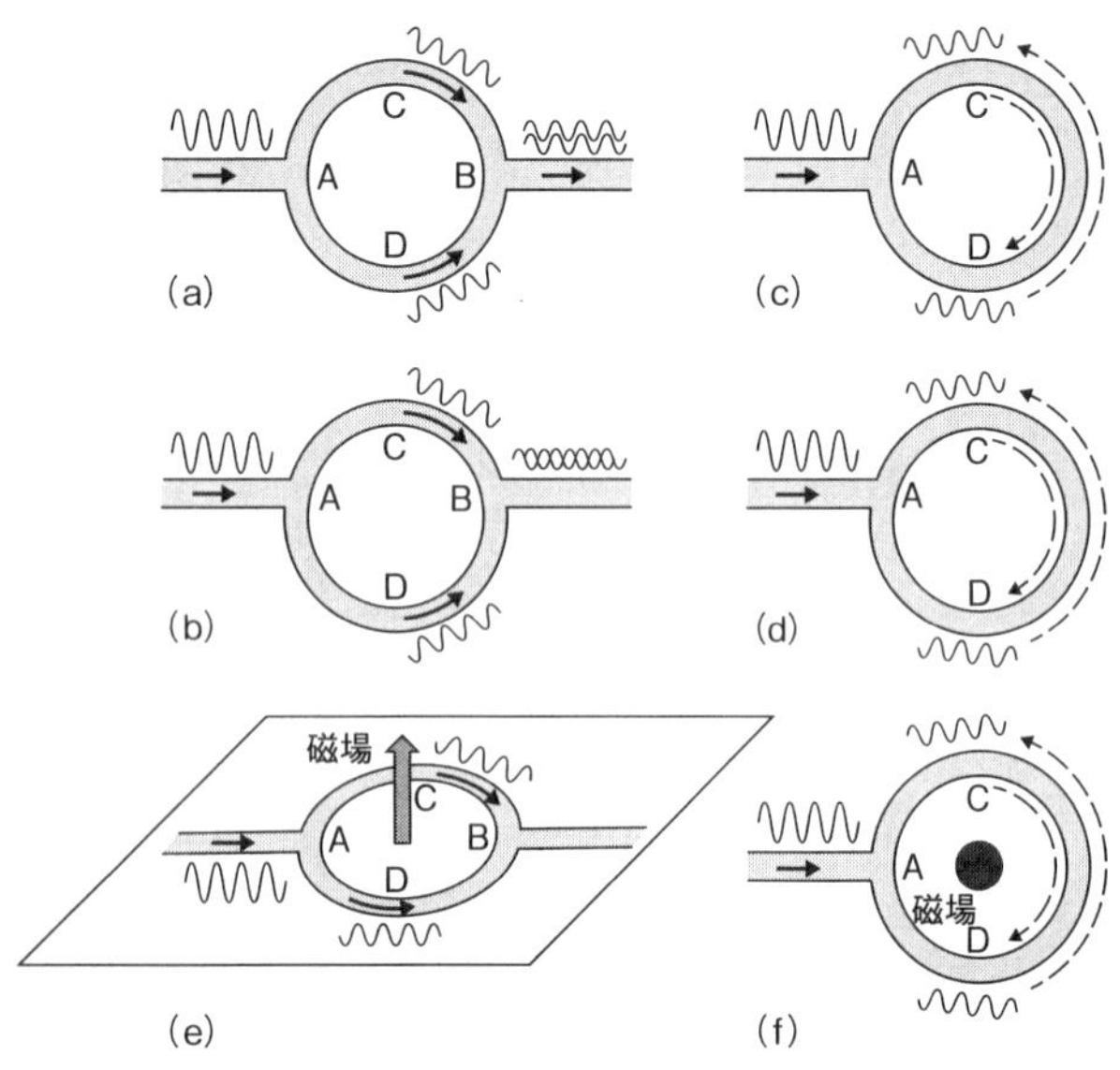

図8.2 リングでの波の干渉。(a)～(d) 磁場なしの場合。(e)～(f) 磁場中の場合。

す。波の位相は、干渉現象で重要な役割をするのです。

電子波の干渉

電子の波の重ね合わせとして有名な現象は、図8・2（a）に描いた小さな金属リングに電流を流す実験で現れます。リングの左のA点に取り付けられた端子から伝導電子を流し込むと、電子はC側とD側の二手に分かれてリングを流れ、それぞれ半周して右側の点Bに取り付けられた端子から流れ出るという単純な実験ですが、電流のもとになる電子が波だということを考慮すると次のようになります。

A点から流れ込んだ電子の波が半分ずつ二手に分かれてリングのC側とD側を伝搬し、その2つの波がB点で重なり合って干渉します。このとき、2つの波が同位相ならお互いに強め合ってB点からたくさん電子波が流れ出ますが、逆位相なら2つの波がB点で打ち消し合って右の端子に流れ出なくなるのです。リングのC側の長さとD側の長さが厳密に等しければ、二手に分かれた波は厳密に同じように伝搬しますので、B点には同位相で到着するはずです。そのときには2つの波は強め合います。しかし、たとえば、図8・2（b）のように、リングのD側の経路がC側の経路より少し長い場合、D側の経路を通った波はC側を通った波より少し遅れてB点に到着しますので、少し位相がずれます。2つの波がちょうど逆位相になっている場合には波が打ち消し合います。

B点で2つの波が強め合うと、A点からB点に電子がよく流れることを意味しますので、リングの両側で測った電気抵抗が低くなります。逆にB点で2つの波が打ち消されるとB点で電子の波がなくなるので、A点からB点に電子が流れないことになり、このときにはリングの電気抵抗が高くなります。

このように、波が伝搬する距離に応じて位相がずれますが、このような位相を「**力学的位相**」、または「ダイナミカル位相」と呼びます。水や音の波と同じように波が伝搬することによって進む位相です。ところが、次節で説明するように、トポロジカル絶縁体のもとになる電子波の位相は「幾何学的位相」と呼ばれ、力学的位相とは違う起源をもちます。

電子波の局在

図8・2（c）に示すように、リングに左側の端子だけ付けて電子の波を流し込んだとします。A点から入った電子の波は先ほどと同じようにリングのC側とD側の二手に分かれて伝搬しますが、今度はそれぞれ右回りと左回りでリングを1周してA点に戻ってきます。この2つの波は逆回りだけれど厳密に同じ経路を通って来たので、A点に戻った時には同位相で重ね合わされるはずです。したがって、必ずA点で波が強め合います。これは、図8・2（d）のように、A点の端子の取り付け位置をずらしたとしても同じで、右回りと左回りの波がA点に戻ってきて強め合います。

右回りの波の伝搬と左回りの波の伝搬は、時間反転の関係になっていることに気づいたでしょうか。時間反転対称性が保たれている状態では、必ずA点で電子の波は強め合います。

A点で電子波が強め合うということは、A点に電子が溜まってしまう、つまり局在するということです。時間反転対称性が保たれているときには、電子の波は、この理由によって、局在してしまい、波として伝搬しにくくなるということを意味します。この現象は、金属のなかで自由に動ける伝導電子がたくさんいるはずなのに、電子波の干渉効果によって電気が流れにくくなるという現象として実際に観測されています。この原理を初めて提案した研究者（フィリップ・アンダーソン、1977年ノーベル物理学賞）の名前をとって、「**アンダーソン局在**」と呼ばれています。（残念ながら、この原稿執筆中の2020年3月にアンダーソンの訃報が報じられました。）

それでは、時間反転対称性を破るとどうなるのでしょうか。6・1節で説明したように、時間反転対称性を破る一番簡単な方法は、磁場を印加することでした。それが次節で述べる、もう一つの種類の位相である「幾何学的位相」を作り出すことになり、それが波の干渉現象に影響します。

8・2 電子波の位相 その2──幾何学的位相──

AB位相──リアルな磁場による位相変化──

図8・2（c）の状況で、この紙面に、つまりリングに垂直に磁場をかけてみましょう（図8・2（f））。そうすると、磁場によって時間反転対称性が破られるので、リングを右回りに進む電子波と左回りに進む電子波に違いが出るはずです。

図3・12で説明したフレミングの左手の法則によって、磁場中を電子が走っていると、その運

動方向に対して必ず直角方向にローレンツ力がはたらき、そのために電子の運動方向が左に曲げられるのでした。しかし、図8・2（f）のリングは非常に細いので、進行方向を磁場によって曲げられることはありません。一方、A点からリングに入ってD側に分かれて伝搬している電子の波は、リングに沿って自然に左側に曲げられながら進んでいるのに対して、A点からC側に分かれて流れ込んだ電子波はリングに沿って無理やり右側に曲げられながら伝搬していることがわかります。ですので、磁場をかけることによって、右回りの波と左回りの波で、何か違いが生まれていることが想像できます。波はリングに沿って流れているだけなので、エネルギーや波の強さは変わらない、したがって波長や振幅や速度も変わっていません。そうすると、右回りの波と左回りの波で何かが変わるとしたら、波の位相が変わっていると考えられます。位相が変わっているのなら干渉現象で検出できるはずです。

実際、図8・2（e）に示すように、リングの両端に端子をつけ、左のA点から右のB点に向かって電子を流す実験において、磁場をリングの面に垂直に印加します。そうすると、磁場の強さによってB点から流れ出る電子波の量が変わります。つまり、磁場の大きさを少しずつ変えながらリングの両端の電気抵抗を測定すると、ある強さの磁場では電気抵抗が低くなり（流れる電子波の量が多い）、少し磁場の強さが変わると逆に電気抵抗が高くなる（流れる電子波の量が少ない）という現象が起きます。それは、リングのC側を流れた波とD側を流れた波がB点で重なり合って干渉し、強め合ったり打ち消し合ったりすることで説明できます。磁場をかけることによってC側もD側もリングの経路の長さが変わるわけではないのに2つの波の位相差が変わるのです。つまり、磁場は、電子の波の位相を変えて、C側を通った波とD側を通った波の位相のずれを生み出し、その位相差は磁場の強さによる、ということです。この位相のずれは、前節で説明した、伝搬する経路の長さの違いによる位相のずれである「力学的位相」ではなく、磁場によって作り出された位相のずれです。これを「**幾何学的位相**」と呼んでいます。

この現象は、最初に提唱した研究者ヤキール・アハラノフとデヴィッド・ボームの名前をとって「**アハラノフ＝ボーム効果**」、あるいは頭文字をとって「**AB効果**」と呼ばれており、電子の波動性を直接的に示し、電子波の位相、とくに幾何学的位相を実験で検出できる現象として量子物理学のなかでとても重要な現象です。その実際の実験結果を図8・3に紹介します。

実験の試料は、図8・3（a）の電子顕微鏡写真に示した金のリングです。その直径は1マイクロメートルより小さい極微のリングです。そのリングの面に垂直に磁場をかけた状態でリングの両端の端子に乾電池をつないで電流を流し、リングの両端の電圧を測定します。その電圧を、流れた電流で割り算することで電気抵抗を算出します。その結果が図8・3（b）に示されています。磁場を徐々に強くしていくと、電気抵抗が上がったり下がったりと振動的に変化しているのがわかります。上述のように、金のリングの片側の通路を通った電子波と反対側の通路を通っ

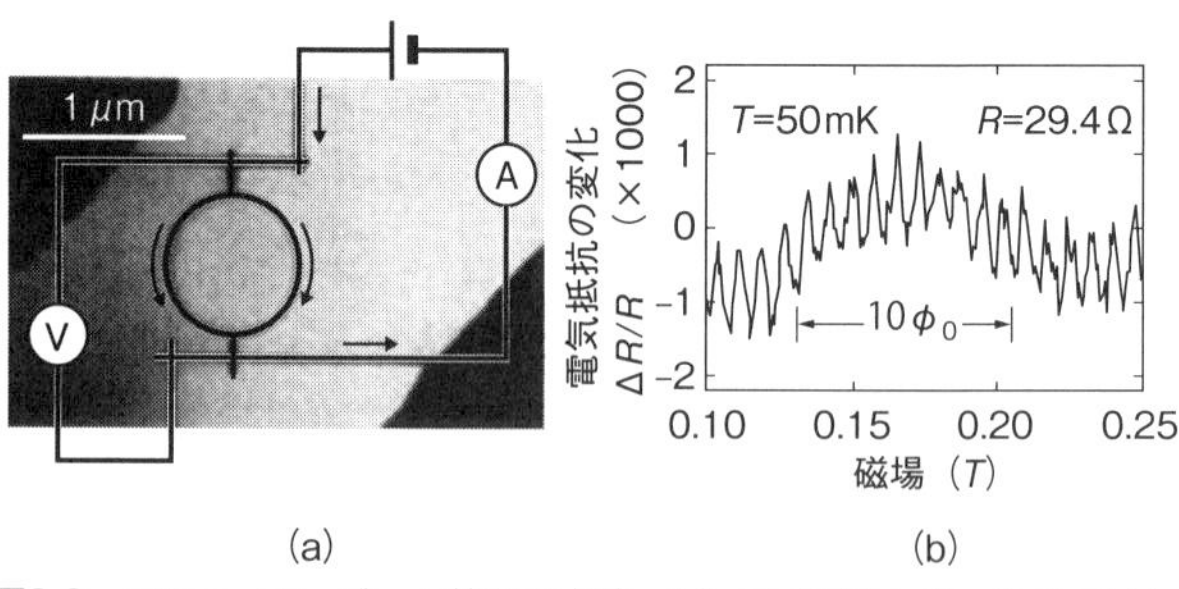

図8.3 アハラノフ＝ボーム効果の実験。(a) 測定試料となった金のリング。(b) 磁場をかけながら測った金リングの電気抵抗の変化。(R. A. Webb, et al., *Physical Review Letters* 54, 2696 (1985) より転載)

た電子波の位相差が磁場の強さによって変わるので、2つの波が強め合って電気抵抗が低くなったり、2つの波が弱め合って電気抵抗が高くなったりするのです。

しかし、なぜ、磁場の強さを強くしていくと、電気抵抗が上がったり下がったり周期的に変化するのでしょうか。それは図8・1に戻れば理解できます。2つの波の位相差は、磁場が強くなるほど大きくなりますが、位相差が大きくなると、同位相だった状態が逆位相になり、さらに磁場を強くして位相のずれがさらに増えるとちょうど1波長分ずれるところまできます。その結果、隣の山と一致して再び同位相の状態になります。このように、位相差の増大にしたがって同位相と逆位相の状態が交互に繰り返されるのです。その結果、磁場の増大に伴って電気抵抗が振動するように周期的に変化するのです。

電子波の位相によって現れる現象は、このように位相差に対して周期的な変化として現れます。周期的な変化を数学的に表すのに角度を使うのが普通です。つまり、角度が0度から360度（2πラジアン）まで変わると1周して元に戻るので、2つの波が同位相の状態から、ちょうど1波長分の位相がずれた状態に変化することを、位相が2πずれたと表現します。2つの波が逆位相のときには180度（πラジアン）の位相のずれといいます。2つの波の位相差が2π（の整数倍）のときには強め合い、π（の奇数倍）のときには打ち消し合うのです。

実はベクトルポテンシャルが主役

アハラノフとボームの理論によると、電子波の位相の変化は、実は磁場でなく、磁場のもとになる「**ベクトルポテンシャル**」という量によって引き起こされているといいます。図3・12では、電子は磁場からローレンツ力という力を受けて進行方向が曲げられる、つまり電子は磁場から力を直接受けるという説明をしましたが、それは古典物理学の描像、つまり、電子が粒子であるという描像に基づいていました。しかし、量子力学の世界では電子を波と考えるので、「波に力を及ぼす」という概念は成り立ちません（たとえば水面の波に力を加えると言われても意味不明です）。そこで、ベクトルポテンシャルが電子波の位相を変えて、進行方向を変えると説明されるのです。量子物理学の基本方程式であるシュレディンガー方程式は、磁場ではなくベクトルポテンシャルを使って記述されています。それは数学の都合ではなく、磁場よりもベクトルポテンシャルのほうが本質的に重要であることを意味しているのです。

ベクトルポテンシャルとは磁場を計算するための数学的な単なる道具であって、実在の量ではないと考えられてきたのですが、アハラノフとボームは図8・3に示すような干渉実験で電子波の位相差として実際に検出できる観測可能な物理量であると主張したのでした。電場が電位（静電ポテンシャル）の勾配で計算されるように、磁場がベクトルポテンシャルのある種の勾配で計算されるのですが、ベクトルポテンシャルは、静電ポテンシャルと同じように単なる計算の道具ではなく測定できる物理量であると彼らは主張したのです。

このアハラノフ＝ボーム効果を実験で最初に実証したのは、実は図8・3の実験ではなく、1・4節にも出てきた日本人の外村彰らの実験でした。彼らの実験では図8・3のような金属リングでの電気抵抗を測ったのではなく、電子顕微鏡のなかの真空中を伝搬する電子波に対して、磁場をかけずにベクトルポテンシャルだけをかける状況を作り出して、実際に電子波の位相がずれることを観測したのです。その詳しい説明は、たとえば、外村彰『目で見る美しい量子力学』（サイエンス社）や、拙著『見えないものをみる──ナノワールドと量子力学──』（東京大学出版会）をご覧ください。

外村の実験や図8・3の実験によって、波の伝搬に伴って現れる力学的位相のほかに、幾何学的位相という何か不思議な位相が電子波には加わる場合があることが確立しました。この位相を

AB位相と呼ぶこともありますが、幾何学的位相の一種なのです。そして、この概念を拡張すると、トポロジカル絶縁体で重要となる幾何学的位相につながります。少し先走って言ってしまうと、図8・3の実験で印加したリアルな磁場の代わりに、6・3節や6・4節で出てきた仮想磁場によっても電子波の位相が変化を受けるのです。その位相は、その理論を体系化した研究者マイケル・ベリーの名前をとって「**ベリー位相**」と呼ばれています。AB位相もベリー位相も幾何学的位相であり、ある意味、「空間の偏りやひねり」とでも言うべき性質に起因して電子波が獲得する位相なのです。AB位相は、ベクトルポテンシャルによって空間に何かしら偏りができて、リングの右側と左側で差が生じ、その差が電子波の位相として検出されたのです。トポロジカル絶縁体では、磁場をかけなくても似たような現象が起き、図7・2で示したようにバンドが「ひねられる」結果、そこで運動する電子の位相が変わるのです。

ベリー位相―仮想磁場による位相変化―

ベリー位相という奇妙な位相を、数式を使わず説明するのは正直なところ無理なのですが、厳密さにこだわらずに一言で表すとするなら、前述したAB位相が実空間でのリアルな磁場に起因する位相だったのに対して、ベリー位相は運動量空間での仮想磁場に起因する位相と言えるでしょう。

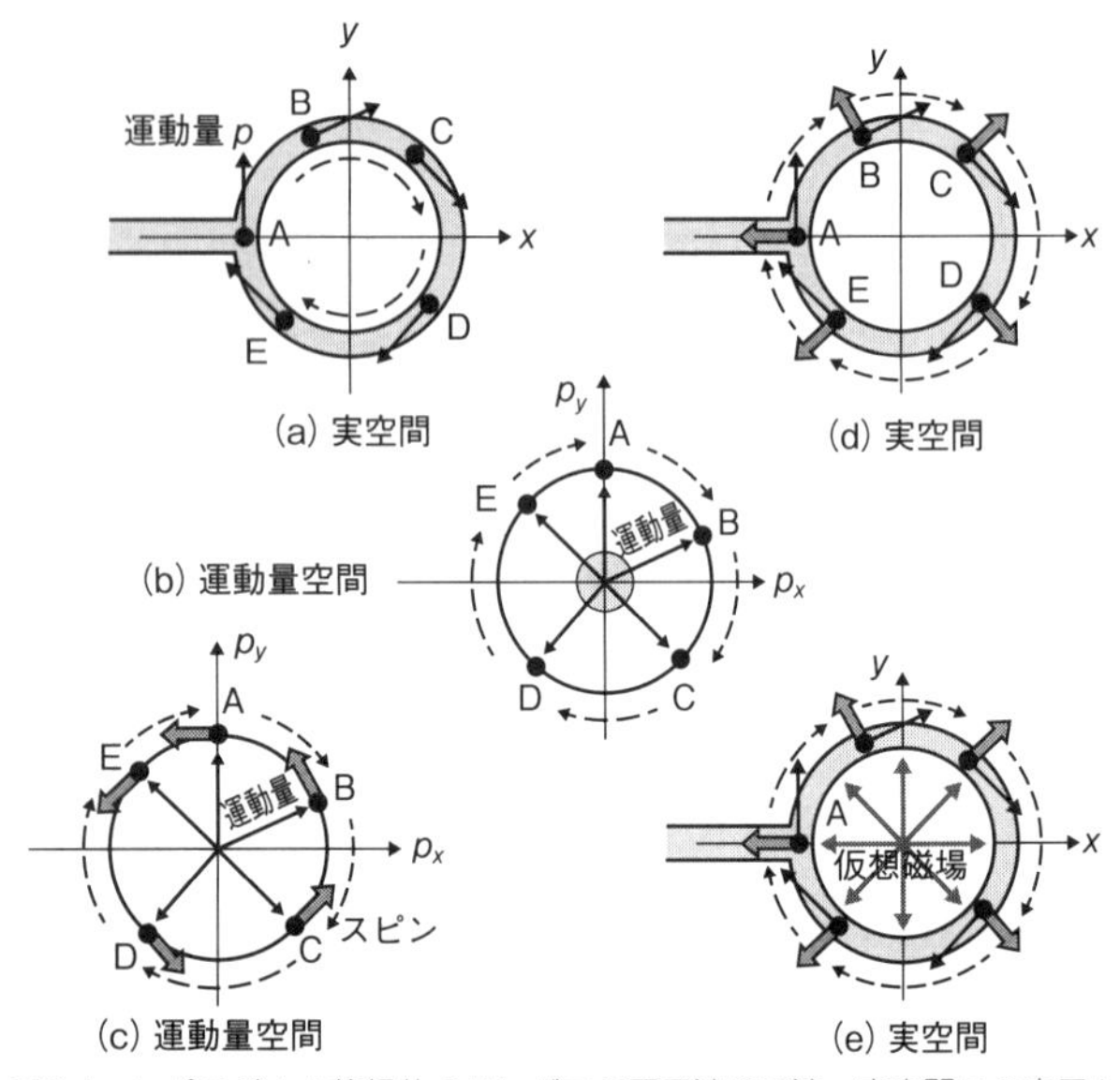

図8.4 トポロジカル絶縁体のリングでの電子波の干渉。実空間での表示と運動量空間での表示。

再び、図8・4（a）に示すようなリングを考えますが、今度は、このリングが金属ではなくトポロジカル絶縁体で作られているとします。A点に取り付けた左の端子からリングに電子波を流し込むと、図8・2（c）のように時計回りと反時計回りの波に分かれて伝搬するのでした。そのうち、時計回りの波だけを考えます。つまり、A点から入った電子波が図8・4（a）の矢印で示される運動量をもってA、B、C、D、E点を順にたどってリングを1周します。この電子の動きを運動量空間で見ると、図8・4（b）のようになります。それぞれの点での運動量は、運動量空間の原点を始点とするベクトルで表されますが、そのベクトルの向きと長さは実空間（a）でのベクトルと同じです（図4・1の（a）と（b）の関係を思い出してください）。運動量空間でのベクトルの終点は、ベクトルの長さを半径とする円（フェルミ円）の上にあり、その終点が電子の伝搬に伴って運動量空間でのフェルミ円上でA、B、C、D、E点を順に時計回りに回ることがわかるでしょう。

ここで、図7・4または図7・2に戻ると、トポロジカル絶縁体の運動量空間の原点$p=0$付近では、伝導バンドと価電子バンドが入れ替わっているのでした。その領域を図8・4（b）では灰色の領域で示しています。その領域での波動関数は、その外側の領域での波動関数とパリティが逆転しているのでした（図7・3）。そのようなパリティの違う領域の外を電子波が周回しているのです。それは、図8・2（f）で、磁場の周りを電子波が周回してAB位相を獲得したときと同じような状況になっています。つまり、図8・4（b）でも同様に、灰色で示された特異な領域の周りを1周回ると幾何学的位相を獲得するのです。それがベリー位相です。

ひねられたバンドでの電子の運動

バンド反転のない普通の物質では、運動量空間のなかでパリティが反転するような特異的な領域がないので原点周りを周回しても幾何学的位相を獲得することはありません。それは、運動量空間での周回軌道をどんどん小さくしていく（つまり実空間では小さな運動量で非常にゆっくりと図8・4（a）のリングを周回する）と、図8・4（b）の運動量空間でのフェルミ円がどんどん小さくなって、しまいには運動量空間の原点で点になって消滅することができます。つまり、限りなく遅いスピードで図8・4（a）のリングを周回することができます。

ところが、図8・4（b）のように、灰色で示された特異な領域が原点付近に存在すると、そのなかに入ることができないので、その周りを周回する軌道は、そのフェルミ円をどんどん小さくして運動量空間の原点で消滅させることができないのです。つまり、非常に遅いスピードで図8・4（a）のリングを周回することができないのです。ある程度の速さが最低の速さになって、波の伝搬速度がそれ以下には遅くならないということです。この最低の速さを「**異常速度**」といい、ベリー位相がゼロでないために出てくる最低速度です。

バンド反転に伴って、1つのバンドのなかでパリティの逆転した特異的な領域が接続されているので、そのようなバンドではある種の曲率（**ベリー曲率**）をもちます。そのようなバンドのなかで電子が運動するとき、その曲率を感じながら運動するので異常速度が付加されるのです。

例えて言えば、ゴム膜の真ん中に重いボールを置くとゴム膜がゆがみます。そのような曲面上で小さいボールを転がすと、思わぬ方向にボールが転がっていくことが想像できるでしょうか。それが異常速度に相当すると直感的には考えていいでしょう。ベリー位相は、ベリー曲率のあるバンドのなかを電子が波として伝搬するときに獲得する位相です。その位相のために、波の進行方向が変わる、つまり異常速度が付加されるのです。

ＡＢ位相では、磁束が貫いている領域が実空間での特異的な領域となりました。ベリー位相ではバンドが反転している領域が運動量空間での特異的な領域となっています。数学的には、その運動量空間での特異的な領域に起因するベリー曲率のために、仮想磁場の磁束が貫いていることになるのです。ＡＢ位相でもベリー位相でもともに、特異的な領域を周回するように電子波が回ると幾何学的位相を獲得するのです。

「はじめに」で述べたように、２０１６年のノーベル物理学賞の発表記者会見のときに、ノーベル賞選考委員会の教授が、トポロジカル絶縁体をドーナッツで例え、普通の物質を中身が詰まったクロワッサンで例えた理由が感じ取れたかと思います。クロワッサンでは、そのなかで小さな円（閉曲線）を描いて、それをどんどん小さくして、最後にはその原点（中心）にたどり着くまで円をどんどん小さくできますが、ドーナッツでは、穴を周回する閉曲線を描くと、穴より小さな円を描くことはできません。クロワッサンを**単連結空間**、ドーナッツを単連結空間でないと呼ぶこともあります。穴が開いているものと開いていないものでは本質的に違い、これは数学でいうトポロジーが違うのです。穴は、特異的な領域、あるいは特異点とみなせ、電子波の波動関数が入れない領域であり、その周りを電子波が周回すると幾何学的位相を獲得するのです。トポロジカル絶縁体での伝導バンドや価電子バンドに入っている電子は、このベリー位相をもっているため、普通の絶縁体と本質的に違う性質をもっているのです。

バーチャル空間でのモノポール

図8・4（b）で、実は中心の灰色部分で仮想磁場が出ているとみなせます。それは電子のスピンの向きを考えてみると納得できます。図7・5で説明したスピン・運動量ロッキング効果のため、運動量空間での描像（図8・4（b））にスピンの情報を書き入れると図8・4（c）となります。太い矢印で示されたスピンは常に運動量ベクトルに直角で左向きです。そして、この状態を実空間に戻って描くと図8・4（d）となります。運動量ベクトルとスピンベクトルが直交しているということは変わらないまま、電子がリングを周回するときのスピンの向きが描かれています。この図を見ると、運動量ベクトルがリングの円周に接する方向なので、スピンを示すベクトルが放射状に外を向いていることがわかります。

ここで、図6・11を思い出してください。スピンは、磁場に沿った方向に向きますので、スピンが放射状に外を向いているということは、図8・4（e）に示すような放射状の磁場がリングの中心から出ていることをイメージさせます。つまり、リングの穴の中心に磁石のN極だけが存在して、そこから磁場が放射状に出ていると考えられます。もちろん、この放射状の磁場は、仮想磁場であって、実際にこのような磁場がかかっているわけではありません。スピン・運動量ロッキング効果から逆算すると、このような放射状の仮想磁場がかかっているとみなせるということです。これは、前に述べたベリー曲率から導かれる運動量空間での仮想磁場の磁束といえます。

磁石は、常にN極とS極がペアになって存在します。1本の棒磁石を真ん中で切断して半分にしても、必ず一端がN極になり他端がS極になります。このように常に反対の極がペアになっているものを**ダイポール**（**双極子**）と呼びます。図3・3で描いた電子のスピンも極微の双極子です。ですので、図8・4（e）のようにN極だけが存在するということは現実にはありません。これは、**モノポール**（**単極子**）と呼ばれていて、仮想的なものです。物理学の理論上、モノポールが存在してはいけないわけではないのですが、現実にはまだ発見されていません。しかし、図8・4（e）が意味するところは、モノポールが仮想的にできていて、それが実際にトポロジカル表面状態の電子のスピンを特定の方向に向かせているのです。

図8・4（d）と逆回りの電子波を考えると、今度は、その電子のスピンがリングの中心に向かっていることになるのは想像できるでしょう。このときにはS極のモノポールが中心にあるとみなせます。仮想磁場の向きは電子の運動方向によって逆転するので、リアルな磁場とは違いま

すが、幾何学的位相を生み出すという点では同じです。

以上述べてきたように、ヤキール・アハラノフとマイケル・ベリーは幾何学的位相の概念を理論的に提唱し、外村彰はそれを実験で実証したので、この3人はノーベル賞候補になっていると思いますが、残念ながら外村彰は2012年に亡くなってしまいました。残った理論家2人（デヴィッド・ボームは1992年にすでに亡くなっています）は、遠からずノーベル賞を受賞すると思います。2016年のノーベル賞はトポロジカル絶縁体そのものに関する業績ではなく、その先駆的な研究に対して授与されました。トポロジカル絶縁体の核心に関する研究では、ノーベル賞候補と目されるような優れた研究者がたくさんいるので、この2人を含めてこれからも受賞者が出ると思います。

この章では、トポロジカル絶縁体とはどんな物質で、普通の物質とどう違うのか説明しました。一言で言うなら、「ひねられた」電子が動き回っている物質といえます。「ひねられた」バンドのなかで運動する電子波は、その位相に幾何学的位相が組み込まれ、それに起因して普通の物質とは違った性質を示すのです。幾何学的位相は、電子波が伝搬する空間の「偏り」というか「ひねり」とでも言うべき性質に起因しています。極めて深遠な物理であり、世の中の何か奥深い秘密を垣間見たような気がしませんか。

次の章では、同様の考え方を拡張して見出された新種の物質群を紹介します。

第9章 トポロジカル物質ファミリーと応用

トポロジカル絶縁体は、時間反転対称性が保持された物質であると説明してきましたが、磁性を導入して故意に時間反転対称性を破るとどうなるのか、いわゆる**磁性トポロジカル絶縁体**といわれる物質も盛んに研究され始めました。

さらに、トポロジカル絶縁体は、その内部が絶縁体なのに表面は金属だと紹介しましたが、そのトポロジカル表面電子状態が超伝導になったらどうなるのか、いわゆる**トポロジカル超伝導**も盛んに研究されていますので最後に紹介します。これは、21世紀に花開くと期待されている量子コンピュータの心臓部を作るのに役立つかもしれないと考えられています。とくに、トポロジカル超伝導に出現する**マヨラナ粒子**という不思議な状態を使うと、**トポロジカル量子コンピュータ**と呼ばれる雑音に強い量子コンピュータを作れる可能性が見えてきたので、世界中で熾烈な研究競争が展開されている熱いトピックスです。

9・1 磁性トポロジカル絶縁体—トポロジカル表面のエッジ状態—

図7・5（c）に描いたトポロジカル表面電子状態のディラック錐のディラック点では運動量$\vec{p}$がゼロであり、時間反転状態の2つの電子状態（0,↑）と（0,↓）が一致していることになります。つまり、ディラック点では上向きスピン電子と下向きスピン電子のエネルギーが同じということです。

実は、このディラック点の性質は特別です。なぜなら、トポロジカル絶縁体の電子には強い仮想磁場がはたらいていて、そのために上向きスピン電子と下向きスピン電子のエネルギーが違うことになっていたのですが、ディラック点だけではその性質と矛盾します。実際、図7・5（c）の電子Aと電子Dを比べれば、運動量が同じなのにスピンの向きが逆なのでエネルギーが大きく違っています。ですので、ディラック点だけではスピンが逆向きでもエネルギーが同じになるという性質は、トポロジカル絶縁体の電子状態のなかで特異的な状態なのです。とくに、このディラック点での性質は「時間反転対称性によって保護されている」と表現されます。つまり、仮想磁場の時間反転対称性のために、ディラック点ではゼーマン分裂が起こらずにスピン縮

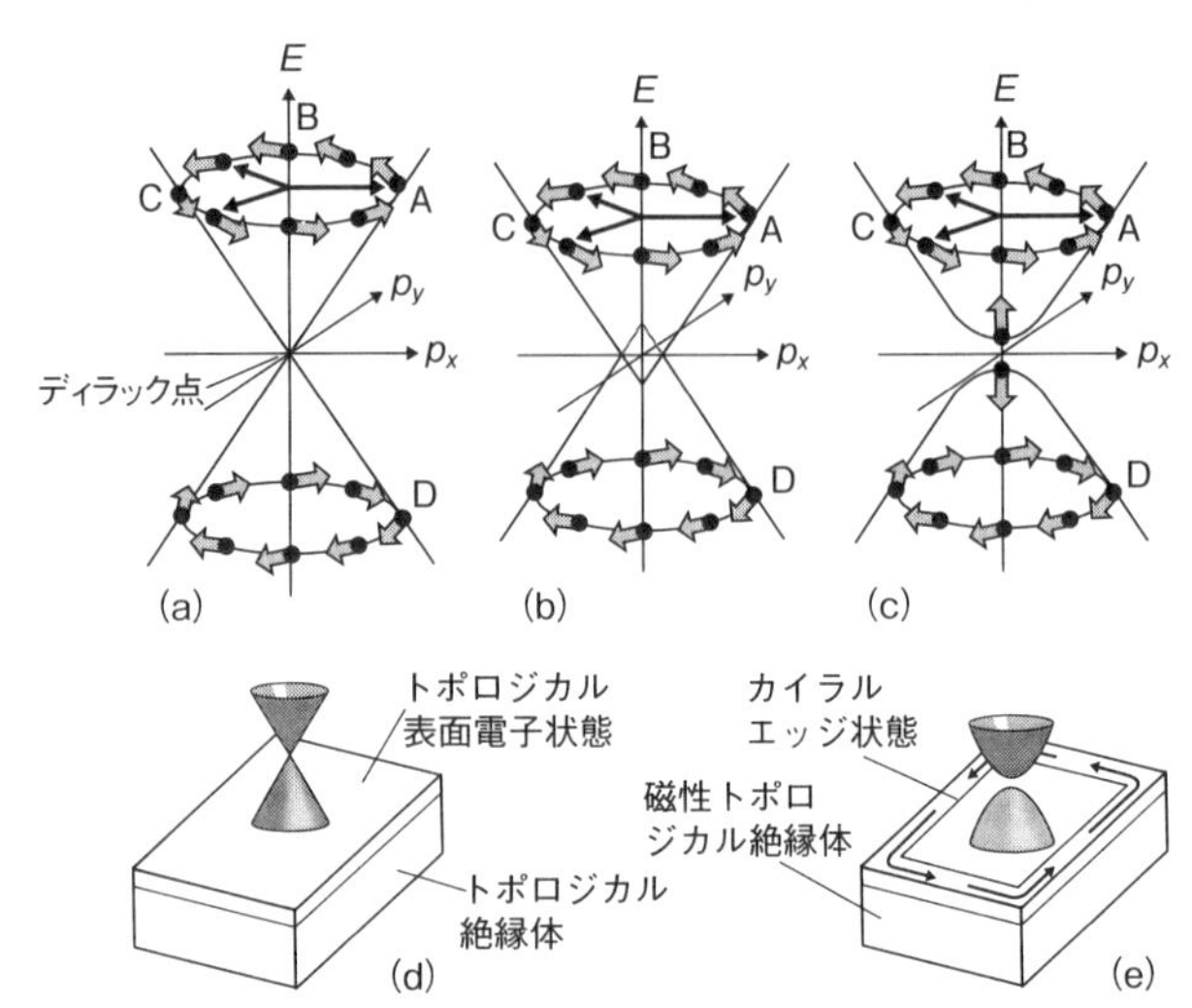

図9.1　(a) 質量ゼロのディラック電子のディラック錐型のエネルギー分散図。(b) 時間反転対称性を破ったときのディラック錐。(c) 重いディラック電子のエネルギー分散図。(d) トポロジカル絶縁体の模式図。実際には裏面にもトポロジカル表面電子状態が存在するが図では省略している。(e) 磁性トポロジカル絶縁体の模式図。

退しているということです。

トポロジカル絶縁体で時間反転対称性を破る

ここで、トポロジカル絶縁体に磁場を印加したり磁性を導入したりするとどうなるでしょうか。つまり、トポロジカル絶縁体で時間反転対称性を故意に破るのです。

磁場を印加すると、あるいは、磁性を導入して内部に磁場ができると、図6・11（b）で説明したように、スピンの向きによってエネルギー準位が分裂するはずです（ゼーマン分裂といいました）。つまり、ディラック点での2つの状態

(0,↑)と(0,↓)はもはや同じエネルギー状態ではなくなります。

実は、時間反転対称性を破ると、図9・1(a)のディラック錐のディラック点での電子状態がスピンの向きによって異なるエネルギー準位になるので、その結果、図9・1(b)のように、ディラック錐の上半分と下半分の頂点がずれて一部が重なる状態になります。つまり、上のバンドと下のバンドの上下関係が頂点付近で逆転します。これは、とりもなおさず、図7・2で描いたバンド交差の状態です。そうすると、上下のバンドが相手側に取り込まれてバンドギャップが開きます(図9・1(c))。これはまさに、図7・2で描いたトポロジカル絶縁体の内部で起こるバンド反転と同じです。しかし、ここではトポロジカル表面状態で起こっています。トポロジカル表面状態は、物質表面だけにある2次元電子系です。そこでバンド反転が起きてバンドギャップが開くのです。

3次元結晶の内部でバンド反転が起きてバンドギャップが開くと、トポロジカル絶縁体になって、3次元結晶の端である結晶表面に金属的なトポロジカル表面状態ができるのでした。それは、物質の内側と外側でトポロジカルな性質が違うので、その境界だけにできる特殊な電子状態でした。しかし、今度は、結晶の表面にできている2次元的なトポロジカル表面状態でバンド反転が起きてバンドギャップが開いたので、同じように、その端、つまり、表面の端に特殊な金属的な電子状態ができることになります。図9・1(e)に示すように、その表面の端での電子状態を「**カイラルエッジ状態**」と呼びます。

図9・1（e）の状態は、トポロジカル絶縁体に磁性を導入した結晶で起こります。これは、図3・12で紹介した量子ホール効果状態に似ています。量子ホール効果でのエッジ状態と同じように、時間反転対称性が破れているので、カイラルエッジ状態は電流が一方方向のみに周回する金属的な電子状態です。

純スピン流の代わりに電流がエッジに流れる

このカイラルエッジ状態を図7・5（f）で見た2次元トポロジカル絶縁体でのヘリカルエッジ状態と比較してみると性質がよくわかります。ヘリカルエッジ状態では時間反転対称性が保たれているので、逆向きスピンをもつ電子がお互いに逆回りで端を周回して流れています。つまり、電流は流れずに純スピン流がエッジに流れています。一方、図9・1（e）のカイラルエッジ状態では、時間反転対称性が破られているので、一方向のみに周回する電流が流れます。

トポロジカル絶縁体であるセレン化ビスマス Bi_2Se_3 やテルル化ビスマス Bi_2Te_3 にマンガン原子（Mn）を混ぜ込んだ化合物結晶 $MnBi_2Se_4$ や $MnBi_2Te_4$ は、トポロジカル絶縁体であると同時に反強磁性体であり、「**磁性トポロジカル絶縁体**」と呼ばれています。その表面にはディラック錐型（図9・1（a））のトポロジカル絶縁体ではなく、バンドギャップの開いたディラック錐型（図

９・１（ｃ））の表面電子状態になっていて、そのためにエッジには図９・１（ｅ）で示したカイラルエッジ状態ができています。この場合、量子ホール効果のようにリアルな磁場を印加しなくとも量子ホール効果と同じ状態になるので、「**量子異常ホール効果**」と呼びます。３・６節で説明した量子ホール効果でのエッジ状態と同じように、カイラルエッジ状態ではジュール熱を発生せずにエネルギー無散逸で電流が流れます。また、エッジ状態は１次元の電流通路なので、７・３節で説明した１８０度後方散乱の禁止が効いてきて、全く散乱されずに一方方向にスイスイと流れます。

そうすると、このカイラルエッジ状態での電流をうまく制御して利用できたら、これまた超省エネデバイスができる可能性が開けてきます。従来の電気回路では電流が流れることによってジュール熱が発生してエネルギーが無駄に消費されてしまうこと、そして、電子が流れている間に物質中にある不純物や欠陥で散乱されてスピードが遅くなってしまうことが問題でした。カイラルエッジ状態での電流を使った電子回路ができれば、それらの問題を一挙に解決できることになりますので夢が広がります。しかし、現状では磁性トポロジカル絶縁体の品質が悪く、量子異常ホール効果状態にするにはマイナス２７０℃程度の極低温に物質を冷却しなければなりませんので、日常的に手軽に使えるデバイスにするまでにはさらなる研究が必要です。

9・2　トポロジカル超伝導—マヨラナ粒子を作る—

2・5節で紹介したように、超伝導では、フェルミ面にいる2個の電子がペアを組んでクーパー対を作り、その結果、少しだけエネルギーが下がって安定化するのでした。そのようなクーパー対が多数できて生じるのが超伝導状態でした。このクーパー対が安定化する度合いは、半導体のなかで2個の電子がペアを組んで共有結合を作って安定化する度合いに比べればはるかに少ないのです。

共有結合結晶である半導体や絶縁体では、共有結合を作る2つの電子の安定化によってバンドギャップができるのでしたが（図5・1参照）、それと同じように、超伝導体でもクーパー対を作ることによって小さいながらバンドギャップができます。それを**超伝導ギャップ**と呼びます。

バンド分散図においてフェルミ準位近傍に超伝導ギャップが開くと、そのバンドギャップの下側と上側は、半導体での価電子バンドと伝導バンドに相当します。それぞれのバンドにいるクーパー対の波動関数は、図7・3に示したように、空間反転に対して対称な波動関数（偶パリティ）と反対称な波動関数（奇パリティ）になります。すると、図7・2のバンド反転のように、何らかの理由で超伝導ギャップの上下にあるバンドが入り混じると、トポロジカル絶縁体と同じことが起きて、バンドがベリー曲率をもつことになり、クーパー対の波動関数にベリー位相が入ってきます。そのような超伝導を**トポロジカル超伝導**と呼びます。バンドギャップの下側と上側のバンドが入り混じると、偶パリティと奇パリティをはっきり分けられなくなり、パリティ対称性が破れた状態となります。トポロジカル絶縁体では、パリティの異なる波動関数が1つのバンドで混合したのですが、そのようにパリティ対称性が破れる理由はスピン軌道相互作用によるエネルギー変化でした。トポロジカル超伝導の場合には、パリティ対称性が破れる理由は、偶パリティのクーパー対と奇パリティのクーパー対が混合するためなのです。

スピン一重項とスピン三重項のクーパー対

クーパー対には2種類あります。

話を簡単にするため、クーパー対を作る2個の電子の重心は止まっているとします。図9・2（a）に示すように、スピンの向きが逆向きの2つの電子がペアを組んでいるクーパー対を「**スピン一重項**」と呼びます。スピン一重項のクーパー対は、対全体のスピンはゼロになります。

もう一つは、図9・2（b）に示すように、同じ向きのスピンをもつ2つの電子がペアを組む場合で、「**スピン三重項**」のクーパー対といいます。このクーパー対のスピンは電子1個分のス

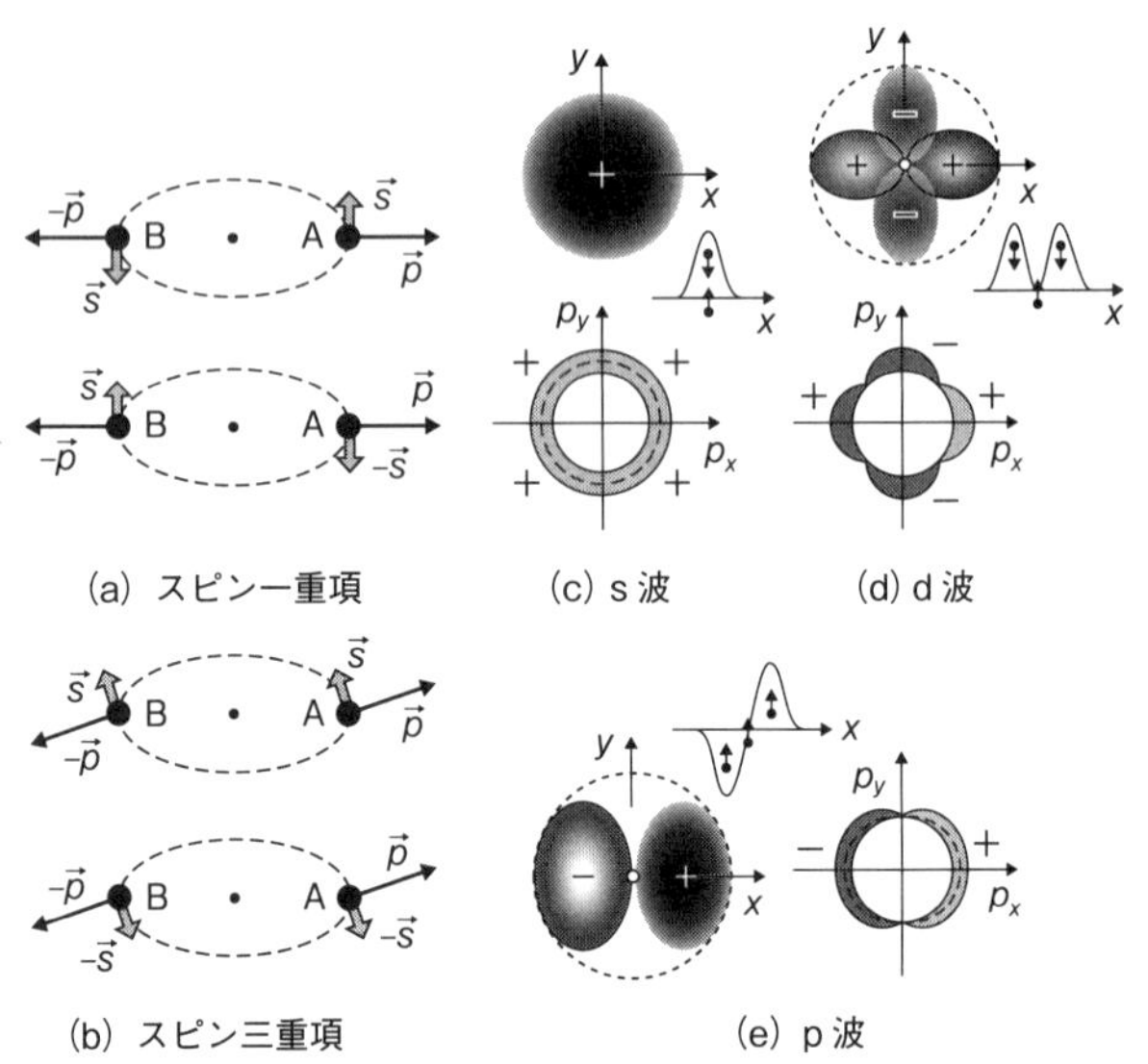

図9.2 いろいろなクーパー対。(a) スピン一重項、(b) スピン三重項、(c) s波超伝導、(d) d波超伝導、および (e) p波超伝導のクーパー対の実空間 (x, y) での空間分布と運動量空間 (p_x, p_y) での超伝導ギャップ。

ピンの2倍の大きさとなります。

ここで時間反転操作をすると、スピンと運動量の両方の向きが逆転することを思い出すと（図6・8参照）、スピン一重項のクーパー対では時間反転操作によって電子Aと電子Bが入れ替わるだけで、クーパー対としては何も変わらない、つまり、時間反転対称性が保たれている超伝導といえます。一方、スピン三重項のクーパー対では、上向きスピンの2つの電子とも下向きスピンになってしまいますので、違ったクーパー対になってしまいます。つまり、スピン三重項のクーパー対では時間反転対称性が破れています。時間反転対称性が破れている超伝導を**カイラル超伝導**と呼ぶことがあります。

スピン一重項のクーパー対の波動関数は、実空間 (x, y) において図9・2（c）か（d）のような分布をとります。（c）を**s波超伝導**、（d）を**d波超伝導**と呼びます。（c）は、実空間において一方の電子に対して他方の電子が等方的な球状の分布をしていて、お互いに近づいている確率が高いことを意味しています。（d）に示す四つ葉のクローバーのような分布のときには、一方の電子に対して他方の電子の分布が特定の4方向に強く分布し、しかもお互いに近づかずにある程度離れている確率が高いこと、さらに方向によって波が逆位相になること（波動関数の符号が逆転すること）を意味しています。しかし、s波もd波も空間反転してみると、何も状況が変わらない、つまり符号が変わらないことがわかります。したがって、スピン一重項のクーパー対の波動関数は偶パリティをもつ状態です。

一方、スピン三重項のクーパー対の波動関数は、実空間 (x, y) において図9・2（e）のような分布をとり、これを**p波超伝導**と呼びます。つまり、実空間において一方の電子に対して他方の電子は近づかずにある程度の距離離れて分布していること、その分布が特定の2方向に主に分布していること、そして右側に分布しているときと左側に分布しているときで逆位相の波になっていることを意味しています。この分布では、空間反転してみると、波動関数の符号が入れかわるので、奇パリティをもつ状態であることがわかります。

図9・2の実空間（x, y）での分布図と図1・4を見比べてみると、両者は同じ図になっていることに気づくでしょう。図9・2はクーパー対の2個の電子の実空間での相対的な位置を表す分布図ですが、図1・4では、原子内の原子核周りの1つの電子の分布を表す図でした。両者ともs波（s軌道）、p波（p軌道）、d波（d軌道）と、同じ名前で区別されています。図1・4では原子核が電子に比べて非常に重いので、1個の電子がその周りを回っているように見えますが、図9・2の2個の電子がお互いに引き合って回っているのと同じことです。このような回転の勢いを表す運動量を**角運動量**といいます。s波、p波、d波の順で角運動量が大きくなっています。つまり、お互いの周りを回っている回転の勢いが強いということです。

パリティの破れた超伝導

偶パリティの状態か奇パリティの状態かを区別して定義できるのは、空間反転しても結晶構造が変わらない場合に限られます。つまり、パリティが保存するのは空間反転対称性が保たれている状況下だけです。ですので、空間反転対称性のある結晶の超伝導体は、ある物質はs波超伝導、他の物質はd波超伝導、また別な物質はp波超伝導だと明確に区別できます。鉛やスズなどの従来型の金属の超伝導はs波超伝導であり、銅酸化物高温超伝導はd波超伝導であることがわかっています。p波超伝導の物質の例は非常に少ないのですが、ウラン化合物やストロンチウム

ルテニウム酸化物 Sr_2RuO_4 という物質がその有力な候補になっています。2・5節で紹介した超伝導を説明するBCS理論は、実はs波超伝導にしか適用できません。

一方、トポロジカル表面電子状態はトポロジカル絶縁体結晶の表面にできますが、図6・6で示したように、結晶表面付近ではどんな結晶でも空間反転対称性が破れています。したがって、トポロジカル表面電子状態が超伝導になった場合、そのクーパー対が偶パリティか奇パリティか区別できないことになります。つまり、偶パリティの状態と奇パリティの状態が混合することになります。このような状態を「**パリティの破れた超伝導**」と呼ぶことがあります。これはトポロジカル絶縁体のバンドと同じことで、異なるパリティの成分がクーパー対のバンドに混入してきますので、トポロジカル超伝導となります。

スピン一重項と三重項のクーパー対が混合しているパリティの破れた超伝導を作るには、トポロジカル表面状態だけでなく、6・2節で紹介したビチュコフ＝ラシュバ効果を示す物質表面を利用することもできます。両者とも仮想磁場のために反対向きのスピンの2つの電子が同じエネルギーをとる普通の状態（クラマース縮退といいました）ではないので、このような特殊な状況では、フェルミ面上にいる2つの電子が図9・2（a）（b）で示したクーパー対を作るとき、どうしてもスピン一重項とスピン三重項の成分が混合してしまうのです。その結果、トポロジカル超伝導となります。

トポロジカル超伝導のエッジ状態

トポロジカル絶縁体で学んだ「バルク・エッジ対応」がトポロジカル超伝導体でも同じようにはたらくために、その表面や端には、トポロジカル表面電子状態に相当する金属的な電子状態ができます。それを**アンドレーエフ束縛状態**と呼びます。つまり、トポロジカル超伝導体の内部では超伝導ギャップが開いていて、ある意味で「絶縁体」のようになっていますが、その表面や端ではエネルギーギャップのない金属的な電子状態ができるというわけです。トポロジカル絶縁体と違うのは、クーパー対が主役で、しかもアンドレーエフ束縛状態には以下に述べるような不思議な粒子がいることです。

アンドレーエフ束縛状態という電子状態が、超伝導体の表面や端にできることは1960年代から知られていたのですが、それがトポロジカルな意味でのバルク・エッジ対応に由来すると認識されたのはごく最近のことなのです。

図9・3(a)は、トポロジカル超伝導体の表面付近のバンド図を表す模式図です。トポロジカル絶縁体と同じように、トポロジカル超伝導体の内部では、フェルミ準位E_Fをはさんで超伝導ギャップが開いていて、そのエネルギーギャップの下のバンドはクーパー対によって占有され

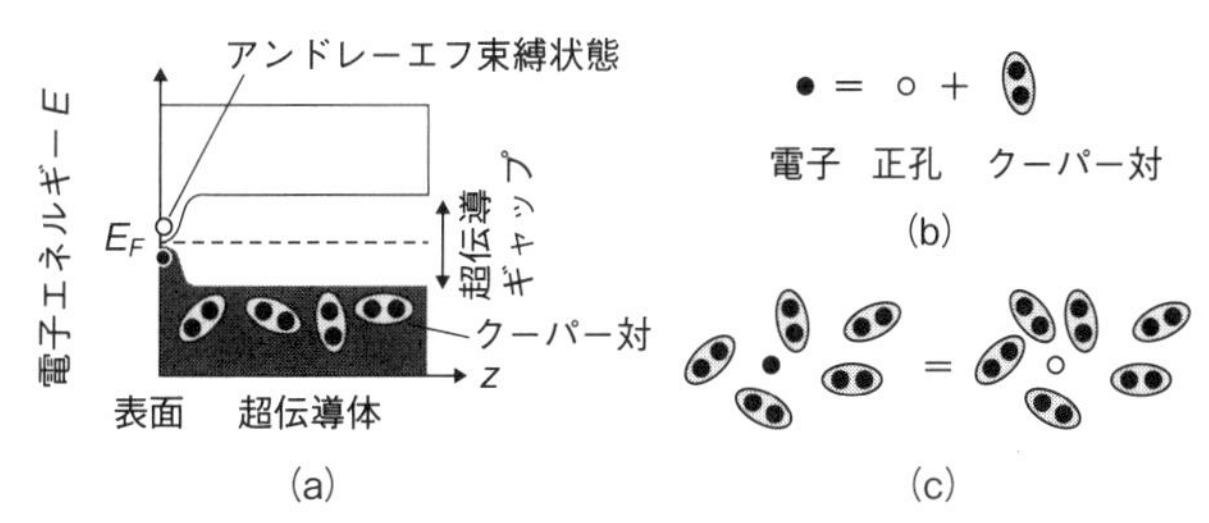

図9.3　アンドレーエフ束縛状態でのマヨラナ粒子。(a) トポロジカル超伝導体の表面付近でのバンド図。(b) 電子と正孔、クーパー対との関係。(c) 超伝導体中での電子と正孔。

ていますが、ギャップより上のバンドは空席の状態になっています。しかし、超伝導体の表面付近ではギャップが閉じて金属的な状態になっています。そこにいる電子は、クーパー対を作っていないので、クーパー対のエネルギーより高い状態にいます。このような孤立した電子は、クーパー対が壊れてできたものとみなせるので、一種の励起状態です。そのためにエネルギーがクーパー対より高いのです。実は、そのようなクーパー対を作っていない電子は不思議な性質をもっています。

図9・3(b)に示すように、電荷の量を考えると、電子1個は、正孔1個とクーパー対1個分の和と等価であることがわかるでしょう。ですので、図9・3(c)に示すように、多数のクーパー対と孤立電子が共存している状態は、多数のクーパー対と孤立正孔が共存している状態と同等であるとみなすことができます。つまり、アンドレーエフ束縛状態にいる電子は正孔とみなしてもよいということです。クーパー対の海のなかでは、電子と正孔の区別がつかないということです。

マヨラナ粒子—トポロジカル量子コンピュータの主役—

5・2節で説明したように、正孔とは電子の抜けた穴でした。ですので、正孔は見かけ上、正電荷をもって負の質量をもつ「電子の海のなかの泡」であり、まるで「水中の泡」のようなものだと説明しました。ところがアンドレーエフ束縛状態では、電子とその抜けた穴である正孔が同等だというのです。正孔は一般に電子の「反粒子」とみなせますので、このように、粒子と反粒子が同一視できる粒子を「**マヨラナ粒子**」と呼びます。

素粒子物理学の分野では、粒子と反粒子が同一という不思議なマヨラナ粒子は理論上、存在していてもかまわないので、長い間探索されてきましたが、まだ見つかっていない幻の粒子です。しかし、トポロジカル超伝導体の端や表面にできるアンドレーエフ束縛状態での電子は、このマヨラナ粒子とみなせるということがわかってきました。

4・1節で、フェルミ粒子とボーズ粒子を紹介しました。電子や陽子はフェルミ粒子ですが、光子やクーパー対はボーズ粒子でした。フェルミ粒子は同じ運動量・エネルギー状態にはスピンの向きが反対向きの2つの粒子しか入れないが、ボーズ粒子は同じ運動量・エネルギー準位に際限なくたくさんの粒子が入ることができるのでした。すべての粒子は、フェルミ粒子かボーズ粒子のどちらかに分類されるのです。しかし、実は、マヨラナ粒子はフェルミ粒子でもボーズ粒子でもありません（それを**エニオン**と呼ぶときがあります。何でもよいという意味のanyと、粒子を意味する-onをくっつけた造語です）。実在するマヨラナ粒子はまだ発見されていませんが、その性質は理論的に調べられていて、不思議な性質をもつことがわかっています。

たとえば、いままでパリティが偶とか奇という説明をしました。つまり、空間反転すると、あるいは、2つの粒子があったとき右の粒子と左の粒子を入れ替えた場合、全体の波動関数が全く変わらないのが偶パリティ、符号が変わるのが奇パリティということでした。しかし、マヨラナ粒子が2個あったとき、右の粒子と左の粒子を入れ替えると全く違った状態になってしまい、もとの状態の波動関数と同じか符号を変えただけの状態かという話ではなく、全く違った波動関数に変わってしまうのです。そのような性質を「非可換性」と呼びます。

この性質を使うと、「**トポロジカル量子コンピュータ**」という全く新しい概念のコンピュータができるかもしれないと理論的に考えられており、世界中で盛んに研究されています。アンドレーエフ束縛状態で動く2個のマヨラナ粒子の位置を入れ替えると違った量子状態になり、第3のマヨラナ粒子と位置を入れ替えるとさらに違った量子状態になり、いわゆる「量子もつれ状態」を作ることができます。しかも、それはトポロジカルに保護されているので、ノイズによって壊されることがないのです。それを利用して量子状態を「演算」するのがトポロジカル量子コンピュータです。

従来の「古典的」なコンピュータでは、2・4節や3・4節で紹介したように、1ビットごとに「0」か「1」の状態をとる二進法で計算していますが、量子コンピュータでは、「0」の状態と「1」の状態の重ね合わせの状態を1ビットとします。それを**キューービット**といいます。キューービットをたくさん集めて量子もつれ状態にすると、多数の数を同時に表現することができるというのが量子コンピュータです。それを複数個のマヨラナ粒子を交換することで実現するというのです。この操作は、トポロジカルな性質に基づいているので、多少のノイズでも乱されることがないという特徴が、他の方法を使った量子コンピュータに比べて優れている点なのです。

実は、この章で紹介した物質群以外に、トポロジカル結晶絶縁体、ワイル半金属、アクシオン絶縁体、ディラックノーダルライン半金属などと呼ばれるようなたくさんのトポロジカル物質群が発見され、現在、盛んに研究されています。それらはトポロジカル絶縁体の考え方を拡張して種々の対称性や次元をもとに分類されています。本書で全部を紹介することはできませんが、それぞれの基礎的な性質を解明する研究と、それらを何か役に立つデバイスやセンサーに応用しようとする研究が世界中で繰り広げられており、21世紀半ばには、量子コンピュータを始めとして、私たちの日常生活を支える重要な物質として利用されることは間違いないでしょう。20世紀が半導体の世紀だったと言うなら、21世紀はトポロジカル物質の世紀になるかもしれません。

おわりに

ノーベル物理学賞の歴史から始まり、トポロジカル物質に至る物質科学の発展の軌跡を概観してきました。「上のバンドと下のバンドが入れ替わっているだけでトポロジカル物質とか大仰な名前を付けているけど、別に大したことじゃないじゃないか」と思う人もいるかもしれません。でも、このバンド反転が物理学において大きなパラダイムシフトを起こしたのは事実です。幾何学的位相や量子異常などの概念が整理され、磁性や超伝導と絡んで大きな広がりを見せると同時に、物理学の根幹にかかわる問題に波及して大きな「うねり」を起こしているのです。さらには物理学の枠を超えて生物学や工学へ波及していくことでしょう。モノなくして何もできないので、モノの新しい性質が発見されれば、物質科学は土台から変わります。まさに、トポロジカル物質は ground-breaking な発見といえます。

物質の性質は、電子バンドの特徴をもとに説明できること、特に、バンドの傾きが急峻なのか平らなのか、バンドの形が放物線形なのか直線的なのか、バンドギャップが大きいのか小さいのかゼロなのか、などの特徴が物質の性質に現れてくることはすでに知られていたことでした。

しかし、トポロジカル物性は、そのようなバンド分散の形ではなく、バンドを作る電子の波動関数そのものが変わってしまうことに起因しているので、従来の物性とは一線を画することがおわかりいただけたと思います。バンドそのものが「変性」してしまうという現象は、バンド分散の形が多少変わっても容易に消えません。ですので、トポロジカル物性は物質の純度や結晶性、温度などにあまり影響を受けず、「頑強」だといわれるのです。

多くの量子効果、たとえば、電子波の干渉効果や重ね合わせ状態、トンネル効果、量子もつれ状態などは、環境のノイズや物質の純度・品質によって敏感に変わってしまい、容易にかき消されてしまうことが多いのです。ですので、研究者は、物質を極低温に冷やしたり真空中に保持したりして、できるだけ「静穏」な環境や精密な条件制御のもとで実験しなければ、量子効果が見えてきませんでした。

しかし、トポロジカル物性に起因する量子効果は頑強なので、室温でノイズだらけの環境でも、しかも多少の不純物が入ったとしても、かき消されずに見えてくる可能性があり、実際、そのような研究成果もたくさん報告されています。

いろいろな自然現象の素過程は、原子や電子レベルの量子現象であるはずです。しかも、極低温や真空中ではなく、室温の熱エネルギーの擾乱（じょうらん）や電磁波のノイズのなか、空気分子や水分子や不純物だらけの状態で、目的とする現象が間違いなく進むよう、量子現象が正確に起こっているはずです。

たとえば、光合成。光のエネルギーを使って二酸化炭素と水を原料として、炭素原子を炭水化物として固定化し、さらに酸素を放出するという光化学反応。その過程では、あり得ないほど効率よく吸収された光エネルギーが伝搬されて化学合成が行われていることがわかってきましたが、そのメカニズムは未解決です。なんらかの量子効果が効いていなければ、驚異的な効率の高さを説明できないと考えられています。

渡り鳥は、地磁気を感知して進むべき方向を知っているようだとわかっていますが、地磁気の磁場エネルギーは、鳥の体温の熱エネルギーよりはるかに小さいのに、どうやって地磁気を感知しているのか、ミクロなメカニズムはわかっていません。太陽光によって励起された量子状態が微弱な磁場の影響でほんのわずかそのエネルギーが変化するというモデルが考えられていますが、鳥の体温の熱エネルギーによる熱雑音のなかで、それよりはるかに小さなエネルギー差をどのようにうまく検出して意味のある信号としているのかわかっていません。

細胞分裂のときにＤＮＡが複製されますが、そのときに塩基配列の一部が間違えてコピーされることがあります。それによって突然変異が引き起こされることもあります。なぜ塩基配列のコピーを間違えるのか、分子や原子レベルでのメカニズムの解明がされつつあります。逆に、わずかなコピーミスとはいえ、多数の水分子や不要な分子などに周りを取り囲まれた、言ってみれば

「汚い」環境のなかで、正確に分子を組み上げて塩基分子のコピーが行われることは、まさに驚異というしかない現象です。

化学反応や生物現象として理解されている現象でも、そのもとは電子の受け渡しによる原子の結合の組み換えが基礎になっているので、そこでは必ずさまざまな量子効果が起こっているはずです。そのような根本的なレベルまで理解しようとすれば、トポロジカル物性も含めて量子物理学によるモノとしての理解が必要なのです。たぶん、私たちの記憶や忘却、ひらめきなども量子現象に基づいて説明できるのではないかと考えています。しかし、そのためには今までに知られている量子効果だけで十分とは思えません。トポロジカル物性のように、まだ発見されていないモノの性質が、生命現象の不思議を解く鍵になっているとも考えられます。その意味で、モノの性質を、量子レベルから説明する物性物理学がさまざまな分野のフロンティアを切り拓く駆動力になるはずです。

本書をきっかけに物性物理学に興味をもっていただけたら、そして他の分野の研究への展開のきっかけになったら、本書の目的は達成されたと言えるでしょう。

平原徹博士と高山あかり博士からは原稿に関して有益なコメントをいただきました。記して感謝いたします。また、読みにくい原稿をブラッシュアップするのに貴重なアドバイスを頂いた講談社の慶山篤さんにも感謝申し上げます。

本文中で引用した文献

- 江沢洋,『だれが原子をみたか』(岩波現代文庫, 2013).
- 長谷川修司,『見えないものをみる—ナノワールドと量子力学—』(東京大学出版会, 2008).
- 長谷川修司,「波と量子」,『数理科学』No. 576, pp. 34–40, 2011年6月号.
- ロバート・P・クリース著, 青木薫訳,『世界でもっとも美しい10の科学実験』(日経BP, 2006).
- スティーブン・ワインバーグ著, 本間三郎訳,『新版　電子と原子核の発見—20世紀物理学を築いた人々—』(ちくま学芸文庫, 2006).
- 外村彰,『目で見る美しい量子力学』(サイエンス社, 2010).
- R. E. Franklin and R. G. Gosling, "Molecular Configuration in Sodium Thymonucleate", *Nature* **171**, 740 (1953).
- St. Tosch and H. Neddermeyer, "Initial Stage of Ag Condensation on Si(111)7×7", *Physical Review Letters* **61**, 349 (1988).
- Y. Sakamoto, et al., "Spectroscopic Evidence of a Topological Quantum Phase Transition in Ultrathin Bi_2Se_3 Films", *Physical Review B* **81**, 165432 (2010).
- R. A. Webb, et al., "Observation of *h*/*e* Aharonov-Bohm Oscillations in Normal-Metal Rings", *Physical Review Letters* **54**, 2696 (1985).

は行

ま・や・ら行

さ行

た行

索　引

数字・英字

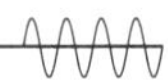

あ行

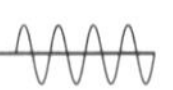

か行

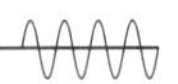

N.D.C.428　302p　18cm

ブルーバックス　B-2162

トポロジカル物質(ぶっしつ)とは何(なに)か

最新・物質科学入門

2021年 1 月20日　第 1 刷発行

著者　長谷川修司(はせがわしゅうじ)
発行者　渡瀬昌彦
発行所　株式会社講談社
〒112-8001 東京都文京区音羽2-12-21
電話　出版　03-5395-3524
販売　03-5395-4415
業務　03-5395-3615
印刷所　（本文印刷）豊国印刷株式会社
（カバー表紙印刷）信毎書籍印刷株式会社
製本所　株式会社国宝社

定価はカバーに表示してあります。

ISBN978-4-06-522267-6

発刊のことば

科学をあなたのポケットに

二十世紀最大の特色は、それが科学時代であるということです。科学は日に日に進歩を続け、止まるところを知りません。ひと昔前の夢物語もどんどん現実化しており、今やわれわれの生活のすべてが、科学によってゆり動かされているといっても過言ではないでしょう。

そのような背景を考えれば、学者や学生はもちろん、産業人も、セールスマンも、ジャーナリストも、家庭の主婦も、みんなが科学を知らなければ、時代の流れに逆らうことになるでしょう。

ブルーバックス発刊の意義と必然性はそこにあります。このシリーズは、読む人に科学的に物を考える習慣と、科学的に物を見る目を養っていただくことを最大の目標にしています。そのためには、単に原理や法則の解説に終始するのではなくて、政治や経済など、社会科学や人文科学にも関連させて、広い視野から問題を追究していきます。科学はむずかしいという先入観を改める表現と構成、それも類書にないブルーバックスの特色であると信じます。

一九六三年九月　野間省一